高等职业教育"十三五"规划教材（电子信息课程群）

C 语言程序设计

（第二版）

主　编　丁　红　王　辉

副主编　王石光　蒙连超　马书林

中国水利水电出版社
www.waterpub.com.cn
·北京·

内 容 提 要

本书从高职高专的培养目标和学生特点出发，秉承"教学做合一"的原则，以"激发学生学习兴趣"为着眼点，认真组织内容、精心设计案例，书中内容浅显易懂，结构循序渐进，语言生动有趣。

全书共分为六篇，入门篇以形象生动的实例介绍了 C 语言的基本概念和上机步骤；基础篇包括基本数据类型、运算符和表达式、输入/输出函数；实战篇介绍了算法的概念和表示，用实例讲述了结构化程序设计方法和模块化程序设计方法；提高篇阐述了几种特殊的数据类型，包括数组、指针、结构体和共用体；文件篇介绍了文件的使用方法；实践篇包括与理论内容相配套的实验。

本书可作为高职高专院校 C 语言程序设计的教材，也可作为中专院校的教学参考书。

图书在版编目（CIP）数据

C语言程序设计 / 丁红，王辉主编. -- 2版. -- 北京 : 中国水利水电出版社，2017.8（2023.1重印）
高等职业教育"十三五"规划教材. 电子信息课程群
ISBN 978-7-5170-5690-4

Ⅰ. ①C… Ⅱ. ①丁… ②王… Ⅲ. ①C语言－程序设计－高等职业教育－教材 Ⅳ. ①TP312.8

中国版本图书馆CIP数据核字(2017)第185601号

策划编辑：石永峰　　责任编辑：王玉梅　　加工编辑：张青月　　封面设计：李 佳

书　　名	高等职业教育"十三五"规划教材（电子信息课程群） C 语言程序设计（第二版） C YUYAN CHENGXU SHEJI
作　　者	主 编 丁 红 王 辉 副主编 王石光 蒙连超 马书林
出版发行	中国水利水电出版社 （北京市海淀区玉渊潭南路 1 号 D 座　100038） 网址：www.waterpub.com.cn E-mail: mchannel@263.net（答疑） 　　　　 sales@mwr.gov.cn 电话：(010) 68545888（营销中心）、82562819（组稿）
经　　售	北京科水图书销售有限公司 电话：(010) 68545874、63202643 全国各地新华书店和相关出版物销售网点
排　　版	北京万水电子信息有限公司
印　　刷	三河市鑫金马印装有限公司
规　　格	184mm×260mm　16 开本　13.25 印张　323 千字
版　　次	2007 年 8 月第 1 版　2007 年 8 月第 1 次印刷 2017 年 8 月第 2 版　2023 年 1 月第 3 次印刷
印　　数	3001—4000 册
定　　价	28.00 元

前　　言

高等职业技术教育主要是以培养具有职业理想、职业道德，掌握职业技能，知晓职业规范，面向生产、建设、管理、服务第一线需要的高素质技能型人才为目标。

从这个目标出发，高职教育应走校企合作、产学结合的发展之路，这是高职教育人才培养的基本模式。

从这个目标出发，高职院校应采用"教学做一体化"的教学模式。为此必须创建与这一思想相吻合的教材体系。

我国伟大的教育家陶行知先生在七十几年前就倡导"教学做合一"的思想，他提出学习不应该是单方面的，也不是灌输的，应该是教与学双方的，学生是主体，并指出"教学做是一件事，不是三件事。我们要在做上教，在做上学。"陶行知先生所说的"做上教、做上学"意指"做中教、做中学"，也就是说让学生在实践操作中掌握理论知识，即"先会后懂"，这样的教学模式更能提高学生的学习兴趣，激发学生的学习激情。

C 语言是面向过程的编程语言，较之于面向对象的编程语言，语法烦琐，界面枯燥，对初学者而言，普遍感到难学。为此必须改变传统的 C 语言教学内容和教学模式，结合学生更喜欢动手操作的特点，改变过去先讲理论，然后进行实际操作的传统方法，从"教学做合一"的理念出发，采用"做中学""用中学""先会后懂"的教学模式，从一个实例出发，让学生学会如何做，达到"我会了"的效果，然后再讲解这样做的原理，以实现"我懂了"的良好效果。这样更能激发学生的学习兴趣和积极性。正如陶老先生所说"学生有了兴味，就肯用全副精神去做事情，所以'学'和'乐'是不可分离的。"

本书从高职高专的培养目标和学生的特点出发，秉承"教学做一体化"的原则，以"激发学生学习兴趣"为着眼点，认真组织内容、精心设计案例，力求浅显易懂、讲够理论、注重实践。本书主要具有以下特点：

- 先进的教学理念：从培养学生的兴趣出发，从 C 语言最基础的理论入手，教会学生够用的理论知识。
- 全新的教学方法：秉承"教学做"相结合的原则，边学边做，讲练结合，学以致用。
- 较低的学习门槛：以"问题驱动"为原则出发，导入每个知识点，和操作演练相结合，从而降低了学习 C 语言的门槛，很容易上手。
- 快乐的学习方式：书中语言口语化，轻松而又幽默，使学习者能够带着快乐的心情学习；案例浅显易懂，实用价值高，从而增强学习者的成就感和自信心。

本书由丁红、王辉任主编，王石光、蒙连超、马书林任副主编，习题部分由孙娟老师编写，于傲、张宇、邵鲜艳、刘锐同学对本书部分程序进行了调试编译。

由于编者水平有限，书中可能存在疏漏和错误，恳请阅读本书的老师和同学们提出宝贵意见。作者联系邮箱：hebiancao65@163.com。

丁　红

2017 年 6 月

目　　录

前言

入门篇——带你认识 C 语言

第1章　初识 C 语言 ·················· 2
1.1　揭开 C 语言的神秘面纱 ·········· 2
　　1.1.1　一个简单的 C 语言程序实例
　　　　　——加法器 ················ 2

1.1.2　加法器的改进版——简单计算器 ······· 5
1.1.3　总结——关于 C 语言程序结构 ······· 7
1.2　C 语言的发展 ················ 8
实训项目 ······················ 8

基础篇——C 语言程序设计基础知识

第2章　数据类型 ················ 12
2.1　常量和变量的含义 ············ 13
　　2.1.1　常量 ················ 13
　　2.1.2　变量 ················ 15
2.2　整型变量 ················ 16
　　2.2.1　整型数据在内存中的存储形式 ······ 17
　　2.2.2　整型变量的分类 ··········· 17
　　2.2.3　整型变量的定义和使用举例 ······ 18
2.3　实型变量 ················ 19
　　2.3.1　实型数据在内存中的存储形式 ······ 19
　　2.3.2　实型变量的分类 ··········· 20
　　2.3.3　实型变量的定义和使用举例 ······ 20
2.4　字符型变量 ················ 21
　　2.4.1　字符型数据在内存中的存储形式 ····· 21
　　2.4.2　字符型变量的定义和使用举例 ····· 22
2.5　各类型间的混合运算 ·········· 23
实训项目 ···················· 24
第3章　运算符和表达式 ··········· 26
3.1　算术运算符和表达式 ·········· 27
　　3.1.1　常见的算术运算符 ········· 27
　　3.1.2　自增、自减运算符 ········· 27
　　3.1.3　算术表达式、算术运算符的优先级

和结合性 ···················· 28
3.2　赋值运算符和表达式 ·········· 29
　　3.2.1　简单赋值运算符 ··········· 29
　　3.2.2　复合赋值运算符 ··········· 29
　　3.2.3　赋值表达式及赋值运算符的优先级
　　　　　和结合性 ··············· 30
3.3　关系运算符和表达式 ·········· 30
　　3.3.1　关系运算符 ············· 30
　　3.3.2　关系表达式及关系运算符的优先级
　　　　　和结合性 ··············· 31
3.4　逻辑运算符和表达式 ·········· 31
　　3.4.1　逻辑运算符 ············· 32
　　3.4.2　逻辑表达式及逻辑运算符的优先级
　　　　　和结合性 ··············· 32
3.5　位运算符和表达式 ············ 34
　　3.5.1　"按位与"运算符"&" ······· 34
　　3.5.2　"按位或"运算符"|" ······· 34
　　3.5.3　"按位异或"运算符"^" ······· 35
　　3.5.4　"取反"运算符"～" ········ 35
　　3.5.5　"左移"运算符"<<" ······· 35
　　3.5.6　"右移"运算符">>" ······· 36
　　3.5.7　位运算符和赋值运算符 ········ 36

3.6　逗号运算符和表达式 ················ 36

3.7　求字节数运算符 sizeof 和强制类型转换
　　　运算符 ································· 37

　　3.7.1　求字节数运算符 sizeof ········· 37

　　3.7.2　强制类型转换运算符 ··········· 38

3.8　运算符小结 ··························· 38

实训项目 ·································· 39

第 4 章　输入/输出函数 ·················· 41

4.1　输出函数 putchar()和 printf() ········ 42

　　4.1.1　字符输出函数 putchar() ········ 42

　　4.1.2　格式输出函数 printf() ·········· 42

4.2　输入函数 getchar()和 scanf() ········ 46

　　4.2.1　字符输入函数 getchar() ········ 47

　　4.2.2　格式输入函数 scanf() ·········· 47

4.3　输入输出函数使用举例 ············· 49

实训项目 ·································· 50

实战篇——如何编写 C 程序

第 5 章　程序的灵魂——算法简介 ······ 52

5.1　算法的概念和使用举例 ············· 52

5.2　算法的流程图表示 ·················· 55

　　5.2.1　传统流程图 ···················· 55

　　5.2.2　N-S 流程图 ···················· 57

实训项目 ·································· 59

第 6 章　结构化程序设计 ················ 60

6.1　顺序结构程序设计 ·················· 60

6.2　选择结构程序设计 ·················· 61

　　6.2.1　if 语句 ························· 62

　　6.2.2　switch 语句 ··················· 67

6.3　循环结构程序设计 ·················· 69

　　6.3.1　while 语句 ····················· 70

　　6.3.2　do-while 语句 ·················· 71

　　6.3.3　for 语句 ······················· 72

　　6.3.4　循环结构程序设计编程实训：累加
　　　　　器程序的编写 ················· 74

实训项目 ·································· 77

第 7 章　模块化程序设计 ················ 81

7.1　函数 ································· 81

　　7.1.1　函数的概念 ···················· 81

　　7.1.2　函数的分类 ···················· 82

　　7.1.3　函数的定义 ···················· 83

　　7.1.4　函数的参数 ···················· 84

　　7.1.5　函数的返回值和函数的调用 ····· 86

　　7.1.6　函数编程实训 ·················· 88

7.2　变量的作用范围 ···················· 92

7.3　变量的存储类别 ···················· 94

　　7.3.1　动态存储方式 ·················· 94

　　7.3.2　静态存储方式 ·················· 95

7.4　函数的作用范围 ···················· 97

7.5　宏定义和文件包含 ·················· 98

　　7.5.1　宏定义 ························· 98

　　7.5.2　文件包含 ······················ 101

实训项目 ································· 102

提高篇——一些特殊的数据类型

第 8 章　数组 ··························· 108

8.1　一维数组 ···························· 108

　　8.1.1　一维数组的定义 ················ 109

　　8.1.2　一维数组的初始化 ·············· 109

　　8.1.3　一维数组元素的引用 ············ 109

　　8.1.4　一维数组使用实训 ·············· 110

8.2　二维数组 ···························· 112

　　8.2.1　二维数组的定义 ················ 112

　　8.2.2　二维数组元素的初始化 ·········· 112

　　8.2.3　二维数组元素的引用 ············ 113

8.2.4　二维数组使用实训 ················· 114

8.3　字符数组 ······························· 116

8.3.1　字符数组的定义 ··················· 116

8.3.2　字符数组的初始化 ··············· 116

8.3.3　字符数组元素的使用 ············· 117

8.3.4　字符数组的输出和输入 ········· 117

8.3.5　常用的字符串处理函数介绍 ··· 119

8.4　数组编程实训 ······················· 122

实训项目 ······································· 126

第9章　指针 ·································· 130

9.1　指针变量的定义和使用 ·········· 130

9.1.1　指针变量的定义 ··················· 131

9.1.2　指针变量的初始化 ··············· 131

9.1.3　指针变量的使用 ··················· 131

9.1.4　指针变量使用实训 ··············· 136

9.2　指针和一维数组 ··················· 136

9.2.1　指向数组元素的指针 ············· 136

9.2.2　通过指针引用数组元素 ········· 137

9.2.3　数组和指针使用实训 ············· 138

9.3　指针和二维数组 ··················· 140

9.3.1　二维数组元素的地址 ············· 140

9.3.2　指向二维数组元素的指针变量 ··· 141

9.3.3　指向二维数组的行指针变量 ··· 141

9.3.4　二维数组的使用实训 ············· 142

9.4　指针和字符串 ······················· 143

9.4.1　字符串的地址 ····················· 143

9.4.2　指向字符串的字符指针变量 ··· 144

9.4.3　字符指针变量使用实训：字数统计 ·· 145

9.5　几种特殊的指针类型 ············· 146

9.5.1　指针数组 ··························· 146

9.5.2　指向函数的指针 ··················· 148

9.5.3　指向指针的指针 ··················· 150

9.6　指针使用实训 ······················· 151

实训项目 ······································· 153

第10章　结构体和共用体 ············· 157

10.1　结构体 ······························· 157

10.1.1　结构体类型的定义 ············· 158

10.1.2　结构体类型变量的定义 ········· 159

10.1.3　结构体变量的使用 ············· 160

10.1.4　结构体数组的定义和使用 ····· 161

10.1.5　指向结构体类型数据的指针 ··· 162

10.2　共用体 ······························· 164

10.2.1　共用体类型的定义 ············· 165

10.2.2　共用体变量的定义和使用 ····· 165

实训项目 ······································· 166

文件篇——C 语言中数据的组织形式

第11章　文件 ······························· 170

11.1　文件的打开和关闭 ··············· 171

11.1.1　打开函数 fopen ················· 171

11.1.2　关闭函数 fclose ················· 172

11.2　文件的读和写 ····················· 172

11.2.1　读函数 fread、fgetc ··········· 172

11.2.2　输出函数 fwrite、fputc ········· 173

11.3　fprintf 函数和 fscanf 函数 ········· 174

11.4　文件定位函数 rewind 和 fseek ··· 175

11.4.1　rewind 函数 ····················· 175

11.4.2　fseek 函数 ······················· 175

11.5　文件使用实训 ····················· 176

实训项目 ······································· 178

实践篇——实践是检验理论的标准

实验 1　一个简单的 C 程序示例 ········· 182

实验 2　输入输出函数的使用 ············· 184

实验 3　选择结构程序设计 ············· 185

实验 4　循环结构程序设计 ············· 186

实验 5　模块化程序设计……………… 187

实验 6　一维数组的使用……………… 188

实验 7　二维数组的使用……………… 189

实验 8　字符数组的使用……………… 190

实验 9　指针的简单应用……………… 191

实验 10　指针的高级应用…………… 193

实验 11　结构体的使用……………………… 194

实验 12　文件的使用……………………… 195

综合实训…………………………………… 196

附录 1　运算符及其结合性……………… 197

附录 2　常用的库函数…………………… 198

参考文献…………………………………… 204

入门篇

——带你认识 C 语言

你是否有这样的疑问：什么叫计算机语言？它的作用是什么？什么是程序？C 语言是一种什么样的语言？如何编写 C 语言程序？

本篇将给出这些问题的答案，以实例演示、问题驱动的方式带你一起走进 C 语言的神秘世界，和你一起认识 C 语言、了解 C 语言。

本篇内容 | 第 1 章 初识 C 语言

第 1 章 初识 C 语言

本章重点：

- 理解计算机语言的概念
- 掌握 C 语言程序的构成，理解语句、函数、程序的概念
- 掌握 C 语言程序的编译过程及 Turbo C 的使用

1.1 揭开 C 语言的神秘面纱

在日常生活里你是否遇到过这样的麻烦：经常需要计算两个数相加的和，但是你心算能力不是很强，笔算又太麻烦且浪费时间。让我们自己动手，用计算机语言编写一个小小的加法器吧！

1.1.1 一个简单的 C 语言程序实例——加法器

图 1-1 所示是一个用 C 语言编写生成的加法器程序运行界面。

图 1-1 加法器程序运行界面

该加法器实现的功能是：计算出两个整数相加的和。当程序运行的时候，先出现提示"请输入加数："，用户输入一个整数作为加数，假设输入的是 567；然后出现提示"请输入被加数："，用户输入一个整数作为被加数，假定输入 345。输入完成后，系统将两个数相加得到的和显示在屏幕上：567+345=912。

那么是否可以输入其他数字呢？当然可以，输入 1342 和 4354 时，输出结果则是：1342+4354=5696。依此类推，你从键盘输入任意两个整数，这个加法器可以自动求出这两个整数的和。

想一想：计算机为什么能够将两个数相加并求出结果？难道计算机像人脑一样具有思考计算能力吗？

其实计算机硬件本身并不能实现任何功能，因为本质上计算机只是由很多的半导体、晶体管、电路等电子元器件集合而成。之所以能够实现很多功能，是因为它是被人指挥的，人可以按照自己的需求对计算机发出一系列的指令，计算机根据这些指令来操作，实现人所指定的功能。

如果小李想指挥小张做事，那么小李就需要用语言告诉小张该如何去做这件事，人与人之间是用语言来实现交流的。

如果小李现在想指挥计算机来完成一定的任务，如求两个数相加的和，小李该如何实现对计算机的控制呢？

想一想：计算机听得懂人类的语言吗？

计算机当然不懂人类的语言，但是人可以学习计算机的语言，可以用计算机语言来指挥计算机工作。计算机语言是指计算机能够理解并识别的语言，是人和计算机进行信息交流的工具，人们可以使用计算机语言来命令计算机进行各种操作处理。就像人类语言一样，计算机语言也遵循一定的语法规则，它包含很多指令，指令用来指挥计算机实现某个具体操作。

计算机语言大体上经历了从低级语言、汇编语言到高级语言的发展过程。高级语言因为其简单、直观、类自然语言的特点得到了更广泛的应用。现在应用比较广泛的高级语言有：Java、C、C++、C#、Python、Visual Basic.NET、PHP、JavaScript 等等。

指令是用来指挥计算机执行某个操作的命令。如果希望计算机完成某个功能或解决某个问题，就得用一组详细的、逐步执行的指令来指示计算机如何去操作，这一组指令的集合就构成了程序。程序是用某种高级语言编写的，至于选择哪一种高级语言，要根据程序的特点和用户的需要来定。

计算机语言可以用来开发各种类型的程序。例如，我们所玩的游戏（如神龙战士）、所使用的软件（如美图软件）等都是用计算机语言开发出来的程序。计算机语言也可以开发操作系统这样的软件，如 UNIX、Windows 都是使用计算机语言开发出来的。计算机语言还可以编写病毒程序，当然还可以编写反病毒程序——杀毒软件。

使用高级计算机语言编写的代码称为源程序，计算机不认识这样的代码（计算机只认识 0 和 1 两个二进制数），所以编写的源程序必须经过编译后生成计算机可以理解的二进制形式，称为目标程序（由 0 和 1 组成的机器语言形式），经过运行后生成可执行程序。普通用户玩的游戏、使用的各种 APP 都属于可执行程序。

举个例子吧，假如你住的是一个三室两厅的套房，或是带花园的洋房别墅，你看到的是它时尚的设计、漂亮的装修，你不会想到它的设计图纸、设计模型、多少次的设计论证、费了设计人员和施工人员多少时间。你所欣赏并居住的房子相当于可执行程序，当初的图纸模型就相当于源程序，而图纸设计的过程则相当于程序员编写程序的过程。

这个加法器的源程序是什么呢？继续向下看！

其实编程序和写文章的道理是一样的，每篇文章都有主题思想，文章中的语句都是为了表达这个主题思想而写的，语句还应该遵循语法规则。有的文章比较长，可以分为多个章节来表达，每个章节都有每个章节的主题。同样的道理，每个程序都是为了实现一定的功能，由若干的指令语句所组成，程序中的语句也要遵循语法规则，如果程序功能很多的话，可以分解为多个函数，每个函数能够实现一定的功能。

下面就是用 C 语言编写的加法器源程序代码：

```
main()                                    /*主函数 main*/
{
    int number1,number2,sum;              /*定义 3 个整型变量 number1,number2,sum*/
    printf("请输入加数：");
    scanf("%d",&number1);                 /*输入加数 number1*/
    printf("请输入被加数：");
    scanf("%d",&number2);                 /*输入被加数 number2*/
    sum=number1+number2;                  /*求 number1 和 number2 两数之和*/
    printf("\n%d+%d=%d",number1,number2,sum);  /*将求出的结果输出*/
}
```

这个程序只由一个主函数组成，名字叫 main。每个 C 语言程序都可以由一个或若干个函数组成，但是其中一定要有而且只能有一个 main 函数。这个不可缺少的 main 函数称为主函数。

程序是由计算机来执行的，当计算机系统开始执行一个程序的时候，它要有一个入口，在一个程序中，main()就相当于入口，它告诉系统从这个地方开始执行。main()函数的位置可以任意。

在 main()的下方即第二行的开头和程序的末尾有一对大括号{ }，这对大括号内包含的是函数的主体部分，称为函数体。函数体用来实现函数的功能。每个函数的函数体都应该用{ }括起来。

想一想：函数体中的每行语句是什么含义呢？

加法器程序计算出从键盘输入的任意两个整数相加的和并将结果输出出来，要实现这一功能，就需要解决以下几个问题：

（1）如何限制输入的数一定是整数？

（2）输入的数存储在哪里？

（3）如何将数输入到存储器中指定的位置？

（4）如何实现两数相加？

（5）如何将指定的数据以一定的格式输出出来？

int number1,number2,sum;——这行语句的作用是定义三个变量，名字分别为 number1，number2，sum，类型都是整型（int 表示整型）。当程序运行的时候，系统将在内存中为这三个变量分配三个存储单元。如图 1-2 所示。

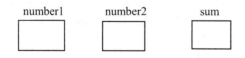

图 1-2　存储单元示意

printf("请输入加数：");——该行语句的功能是在屏幕上输出提示性语句"请输入加数："，提示用户在此之后输入一个数作为加数。printf 是用来实现输出的函数。

scanf("%d",&number1);——用来实现从键盘接收用户输入的数据，并送到 number1 所对应的地址单元中，&表示取地址。scanf 是实现输入的函数，%d 用来限制输入数据的格式是整数。

printf("请输入被加数：");和 scanf("%d",&number2);的作用同上。

sum=number1+number2;——表示将 number1 和 number2 两个存储单元中的数据相加，并将结果放在 sum 所对应的存储单元中。

printf("\n%d+%d=%d",number1,number2,sum);——用来将结果输出。\n 表示换到下一行输出，%d 限制输出的格式是整型，括号最右端的三个变量 number1、number2、sum 是要输出的变量名字，格式都是整型。

在本程序中，每一行语句的后面都有汉字注释，这是为了便于看程序的人理解。编程人员可以根据需要在一些不容易理解的地方加注释说明。注释是给人看的，计算机不需要，为了防止计算机把注释当成程序代码来编译，注释部分要用/*……*/括起来。

想一想：加法器的局限性在于，它只能对整数进行加法运算，是否可以编写这样的程序，可以对任意两个实数进行加、减运算呢？

C 语言是一种应用广泛、功能强大的高级语言，当然可以完成这个小小的计算器功能。在下一小节，将介绍加法器的改进版——简单计算器的编写。

1.1.2 加法器的改进版——简单计算器

1. 功能介绍

这是一个功能非常简单的计算器，能够实现对两个实数进行加、减运算。

2. 界面示意

运行时界面如图 1-3 所示，先选择希望执行的计算，输入 1 选择加法运算，输入 2 选择减法运算；然后根据提示输入需要计算的两个实数，执行完运算后将结果输出。

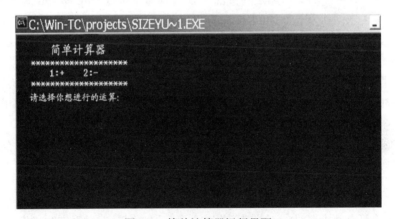

图 1-3　简单计算器运行界面

3. 源程序代码介绍

```
void sum(float x,float y)                    /*求和函数 sum*/
{
    float sum;
    sum=x+y;
    printf("%.1f+%.1f=%.1f\n",x,y,sum);
}

void sub(float x,float y)                    /*求差函数 sub*/
```

```
{
    float sub;
    sub=x-y;
    printf("%.1f-%.1f=%.1f\n",x,y,sub);
}


main()                                    /*主函数 main*/
{
    float number1,number2;
    int i;
    printf("       简单计算器         \n");
    printf("*******************\n");
    printf("      1:+    2:-         \n");
    printf("*******************\n");
    printf("请选择你想进行的运算：");
    scanf("%d",&i);                       /*输入选择值*/
    printf("请输入你需要计算的数字：\n");
    printf("第一个数：");
    scanf("%f",&number1);
    printf("第二个数：");
    scanf("%f",&number2);
    if(i= =1) sum(number1,number2);       /*如果输入 1，则调用相加函数 sum*/
    if(i= =2) sub(number1,number2);       /*如果输入 2，则调用相减函数 sub*/
}
```

这个程序要实现两个功能：加法和减法，分别编写子函数 sum 和 sub 来实现这两个功能，函数 sum 用来实现求两个实数 x 和 y 相加的和 sum 并输出，函数 sub 用来实现求两个实数 x 和 y 相减的差 sub 并输出。

在主函数 main 中，根据需要对上述两个子函数 sum 和 sub 进行调用。

无论一个程序中包含多少个函数，执行时先找到 main 函数，从 main 开始执行。

主函数中使用了一些变量，第 2、3 行对这些变量进行定义。两个需要计算的变量 number1 和 number2 为实型（float 表示实型），还有一个变量 i 为整型（int 表示整型）。

主函数的第 4 行到第 8 行是输出如图 1-3 所示的程序界面，你也可以按照自己的想法对程序输出界面进行设计、调整。

想一想：如何实现调用 sum 函数和 sub 函数呢？

main 函数的第 9 行是输入一个选择值 i。第 15、16 行是对 i 值进行判断，如果是 1 则调用函数 sum，将实际要计算的两个实际参数 number1 和 number2 的值传递给 sum 函数中的形式参数 x 和 y，用实际参数 number1 和 number2 的值进行相加得到和，并将结果输出；如果是 2 则调用函数 sub，调用方式和 sum 一样，求出差并输出。程序中的%f 表示实数格式。

从以上的加法器和简单计算器的例子中可以看出，两者的程序代码是不一样的。需要计算机实现的功能不一样，就得对其下达不一样的命令，编写出的程序也就不一样。

对于同一个问题，不同的人编写出的程序也可能不一样。就像写文章，同一个主题，不同的人写出的文章是有区别的，风格有异同，水平有高低，方法有差别。当然，同一个人也可以采用不同的方法编写出不同风格的程序来。

C 语言的功能非常强大，不仅可以开发出这样的小程序，还可以开发出很多系统软件和应用软件，如操作系统、管理系统、游戏、病毒等。

想一想：　（1）C 语言中的函数和程序这两个概念的区别是什么？
　　　　　　（2）C 语言函数在结构方面有哪些共同点？

1.1.3　总结——关于 C 语言程序结构

1．C 语言程序是由函数构成的

函数是一个程序模块，用来实现一定的功能。如果程序需要实现的功能很多，就可以由多个函数组成，每个函数实现一个功能。无论一个程序包含多少个函数，其中一定要有主函数 main。它是函数中的老大，是必须存在的。计算机执行程序时，首先要找到 main 函数，从这个函数开始执行。

函数是 C 程序的基本单位，有的函数需要用户自己编写，有的函数是系统提供的。

有的程序功能比较简单，可以只由一个主函数 main 组成。

2．函数的结构

一个函数由两部分组成：函数的首部和函数体。

（1）函数的首部（函数头）：包括函数的名字、函数的类型、函数参数的名字和类型。

（2）函数体：即{ }内的部分，如果一个函数有多个{ }，最外面的{ }是函数体的范围。

函数体由两部分组成：

1）声明部分：定义函数中所用的变量，声明该函数所要调用的其他函数。

2）执行部分：由为了实现函数功能的若干个语句组成，包括数据的赋值、输入、计算、输出。

这里以简单计算器程序中的函数 sub 为例，请看它的构成：

```
float sub(float x,float y)   ──────────→  函数的首部
{
    float sub;
    sub=x-y;                                 函数体
    printf("%.1f-%.1f=%.1f\n",x,y,sub);
}
```

函数体中的语句 float sub;属于声明部分，定义了一个实型变量 sub；以下语句属于执行部分，计算两数相减之差，并将结果输出：

```
sub=x-y;
printf("%.1f-%.1f=%.1f\n",x,y,sub);
```

函数的详细使用见第 7 章，这里仅做简单介绍，让初学者有一个大概的了解。

3．C 程序的执行

无论一个程序包含多少个函数，总是先从主函数 main 开始执行。main 函数的位置可以任意。

4．C 程序的书写格式

（1）每条语句后都有一个分号“；”作为间隔，分号不可少。

（2）一行内可以写多个语句，一个语句也可以写在多行上。

1.2　C 语言的发展

  C 语言是由美国贝尔实验室的 Dennis Ritchie 于 1972 年发明的，1978 年正式发表。早期的 C 语言主要是用于 UNIX 系统。由于 C 语言的强大功能和各方面的优点逐渐为人们认识，到了 20 世纪 80 年代，C 开始进入其他操作系统，并很快在各类大、中、小和微型计算机上得到了广泛的使用，成为当代最优秀的程序设计语言之一。

  在 C 的基础上，1983 年贝尔实验室的 Bjarne Stroustrup 又推出了 C++。C++进一步扩充和完善了 C 语言，成为一种面向对象的程序设计语言。C++提出了一些更为深入的概念，它所支持的面向对象的概念容易将问题空间直接映射到程序空间，为程序员提供了一种与传统结构程序设计不同的思维方式和编程方法。

  C 是 C++的基础，C++语言和 C 语言在很多方面是兼容的。因此，掌握了 C 语言，再进一步学习 C++就能以一种熟悉的语法来学习面向对象的语言，从而达到事半功倍的目的。

  作为一种面向过程的语言，C 语言之所以能够如此广泛流行，主要是因为 C 语言拥有一些其他语言无法比拟的特点。C 语言主要具有如下特点：

- 可以直接对硬件进行操作。C 语言可以实现汇编语言的大部分功能，能直接对硬件进行操作，作为高级语言的 C 语言，同时还具有许多低级语言的功能，不但能够开发系统软件，还能够开发应用软件。

- 具有结构化的控制结构。C 语言是模块化程序设计语言。C 语言的程序由功能独立的一系列函数所组成，这种结构易于使程序设计模块化。C 语言提供了三种结构化的控制语句：顺序、选择和循环。

- 可移植性好。可移植性指的是在某种机器或某种环境下编写的软件可以运行在另外一种机器或环境下。C 语言编写的程序基本上不做修改就可用于各种型号的计算机和各种操作系统。

- 运算符丰富。C 语言具有丰富的运算符，它的表达式类型多样化，可以实现很多复杂的运算。

  另外，C 语言还具有很多其他优点，如结构简洁、紧凑、使用方便，数据结构丰富，语法限制不严格，目标代码质量高，程序执行效率高。

关于计算机语言的发展
及 C 语言程序的构成，
扫码看微课。

实训项目

实训 1：选择题

1. 下面关于 C 程序的说法中，正确的是（　　　）。
  A. 一个 C 程序可以由一个 main 函数和若干个子函数所组成，函数执行的先后次序由其位置的前后决定
  B. 无论一个程序中包含多少个函数，总是先从 main 函数开始执行

C．C 程序的基本组成单位是语句

D．main 函数是主函数，是一个完整 C 程序中不可缺少的，它应该位于所有函数的前面

2．下列说法错误的是（　　　　）。

A．Turbo C 是 C 语言编译环境的一种，可以在其中实现程序的编辑、编译、连接、运行

B．所谓源程序，就是使用 C 语言编写的程序

C．源程序经编译连接后生成目标程序

D．目标程序就是机器可以执行的形式

实训 2：填空题

1．C 程序的基本单位是_____。

2．C 程序中有_____主函数 main。

3．在一个 C 程序中，注释部分两侧的分界符为_____。

4．一个完整的 C 程序包含_____函数。

实训 3：编程

1．参照加法器的例子编写一个求立方的程序，输入一个整数，求该数的立方并输出。比如输入 3，输出结果 27。

2．参照简单计算器的例子，在此功能的基础上编写一个"四则计算器"，可以实现对任意两个实数进行加、减、乘、除计算，并输出结果。

基础篇
——C 语言程序设计基础知识

你会烧菜吗？如果要做一道菜，需要知道哪些内容呢？

在菜谱上一般包括两部分内容：①原料：指出应该需要哪些原料；②操作步骤：指出如何使用这些原料按规定的步骤加工成所需的菜肴。若想做一个手艺高超的好厨师，你得先了解各种原料和配料！

编程也是同样的道理，要想学会编写程序，得先学会 C 语言的一些基础知识，如程序中数据的类型、运算的符号、数据的输入和输出等。要想做一名好的程序设计人员，从基础开始学习吧！

本篇内容

第 2 章　数据类型

第 3 章　运算符和表达式

第 4 章　输入输出函数

第 2 章　数据类型

本章重点：

● 了解 C 语言中常见的数据类型
● 掌握常量和变量的概念以及它们的常见类型
● 掌握三种基本类型变量的概念、分类及使用

一个程序主要包含两方面的内容：

（1）数据结构：在程序中指定所要处理数据的类型和组织形式。

（2）算法：就是对解题方法和解题步骤的描述。

同样一道菜，不同的厨师做出来的味道不一样，因为所选的原料和所做的步骤不一样。同样的道理，面对实现相同功能的程序，不同的程序设计人员编写出的程序是不一样的，因为程序员所选择的数据结构和采用的编程方法不一样。

在编程时，应该选择最佳的数据结构和算法。

C 语言中的数据结构，简单点儿说，就是数据的类型。C 语言中包括的主要数据类型如图 2-1 所示。

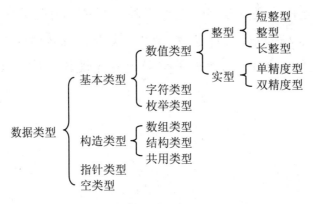

图 2-1　C 语言中的数据类型

程序的处理对象是各种类型的数据。既然要使用到数据，那么数据就得在计算机内有个"住"的地方（专业说法叫存储单元），就得"告诉"计算机为这些数据分配多大的住处（空间），而数据所占空间的大小是由其类型决定的，所以在每个函数的开始要定义函数中所使用到的数据的类型，系统根据数据所属类型为其分配相应大小的存储单元。

C 语言中使用最多的三种基本数据类型是：整型、实型、字符型。

本章主要介绍 C 语言程序中的处理对象（常量和变量）及其类型（三种基本类型）。

2.1　常量和变量的含义

先看两行代码：

```
int a;
a=3;
```

int a;——表示定义了一个整型变量 a（int 表示整型），在程序运行时，系统根据定义为 a 分配一个存储空间，a 就是该存储空间的名字。由于 a 所对应的空间中存放的数据是可以变化的（可以是任意普通整型数据），所以 a 称为变量。

a=3;——表示将常数 3 赋给变量 a，如图 2-2 所示。3 是一个常数，不能变化，这种不能变化的数称为常量。

在 C 程序中，所有使用到的变量都必须先定义其类型。C 语言中常见的基本类型有：整型、实型、字符型。

下面分别介绍不同类型的常量和变量。

图 2-2　赋常数给变量

2.1.1　常量

常量是指在程序运行过程中值不变的量，如整数 4、实数 3.25、字符'a'都是不可变化的量，即都是常量。常量可分为整型常量、实型常量、字符型常量、字符串型常量。

1. 整型常量

即整常数，如 0，1，2，3，…，-1，-2，-3，…，这些都是以十进制形式表示的整常数。另外，在 C 语言中，整常数还可以表示成八进制和十六进制形式。

八进制整型常量表示的标志是以数字 0 开头。如 012 表示八进制数 12，转化为十进制数为：$1×8^1+2×8^0=10$；-012 则表示八进制数-12，对应的十进制数为-10。

十六进制整型常量表示的标志是以 0x 开头。如 0x12 表示十六进制数 12，转化为十进制数为：$1×16^1+2×16^0=18$；-0x12 表示十六进制数-12，对应的十进制数为-18。

这些用八进制、十进制、十六进制形式表示的整常数，就是整型常量。

2. 实型常量

实型常量就是我们日常所说的小数，又称为实数和浮点数。和整型常量不同的是，实型常量只能用十进制形式来表示。实数的表示有两种形式：十进制小数形式和指数形式。

（1）十进制小数形式。这种表示就是日常所使用的带小数点形式，由数字和小数点组成，如 1.23，0.25，123.，123.0。

（2）指数形式。又称为科学记数法，由尾数、e（E）和指数三部分组成。123.0 用指数形式表示为 1.23e2，0.0123 可以表示为 1.23e-2。

这些用十进制小数形式或指数形式表示的小数，就是实型常量。

3. 字符型常量

在编写程序的过程中，不仅需要使用整数和实数，有时还需要使用字符，如'a'、'A'、'?'、'*'等。

由于变量的名字通常是由字符组成的。为了与变量的名字相区别，字符常量必须用单引号括起来，且单引号里只能是一个字符。如'a'表示字符常量，而 a 表示的是一个变量的名字。

字符常量区分大小写，'a'和'A'是不同类型的字符常量。

有些字符常量是可以输出并显示在屏幕上的，如'a'、'? '、'*'等，这些字符常量属于普通字符常量，而有些字符常量并不能输出显示出来，而是在输出时控制光标的位置，如使光标跳到下一行或使光标回到本行的开头位置。

想一想：在编程时，有时需要在输出时换行，就是使光标跳到下一行，该怎么办？

有的同学可能已经回忆起来了，在第 1 章的例题中曾提及，"\n"在输出时起到换行的控制作用。下面这个语句就可以实现使光标跳到下一行：

```
printf("\n");
```

除了"\n"这个换行符外，C 语言中还有一些特殊的字符起到换页、退格、跳格、报警等控制作用，这些具有特殊控制作用的字符称为"控制字符常量"。这些常量有一个共同的特征，即以反斜杠（\）开头，由于其意义和该字母本身的意思不一样，所以称为"转义字符"。

转义字符经常用在输出语句中，起到控制作用。表 2-1 列出了常见的转义字符。

表 2-1　常见的转义字符

转义字符	含义
\n	换行，将光标从当前位置移到下一行开头
\r	回车，将光标从当前位置移到本行开头
\f	换页，将光标从当前位置移到下一页开头
\b	退格，将光标从当前位置移到前一列
\t	水平制表，将光标移到下一个 Tab 位置
\a	响铃，即响起报警声
\0	空字符
\\	表示反斜杠 "\"
\'	表示单撇号 "'"
\"	表示双撇号 """
\ddd	表示 1～3 位八进制数所代表的字符
\xdd	表示 1～2 位十六进制数所代表的字符

对于初学 C 语言的人，转义字符不太容易理解，下面通过实例讲解。

实例 2-1　请仔细观察下面的程序，它的输出结果是什么呢？

```
main()
{
    printf("**********\\Welcome to Student Management System\\**********\n");
    printf("\tNumber\tName\tMath\tChinese\tEnglish\n");
    printf("\t101\tLiLi\t89\t98\t56\n");
    printf("\t102\tWuKe\t78\t69\t98\n");
    printf("\t103\tZhuJi\t67\t90\t95\n");
    printf("\t37\t\r\x1e\n");
}
```

该例中涉及到三个转义字符，"\\"实现输出斜杠"\"；"\n"在输出时实现换行功能；"\t"使光标跳到下一个制表位置，这里一个制表区的宽度占 8 列，下一个制表位置从第 9 列开始。

最后一行的输出语句：printf("\t\37\t\x1e\n");的输出结果是什么呢？

结果为：   ▼   ▲

为什么呢？因为"\37"表示八进制数 37 所对应的字符，字符▼对应的 ASCII 代码是八进制的 37；"\x1e"表示十六进制数 1e 所对应的字符，字符▲的 ASCII 代码是十六进制的 1e；其中的"\t"表示跳到下一个制表位置。

所以输出时，"\37"对应输出▼，"\x1e"对应输出▲。

整个程序的输出结果如图 2-3 所示。

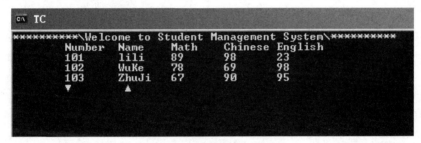

图 2-3　实例 2-1 输出结果

4. 字符串常量

字符常量是指单个字符，但实际上经常需要使用多个字符，比如说人的名字。字符串常量就是由多个字符组成的字符序列，用双撇号括起来，如"Hello!"、"chinese"、"$89"等都是字符串常量。

在存储字符串常量时，每个存储单元中都存储了字符或数字，在字符串常量的最后有一个"\0"，占一个字符的存储空间，作为字符串结束的标志。所以如"Hello!"包括 7 个字符，其存储形式如图 2-4 所示。

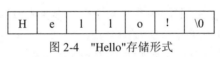

图 2-4　"Hello"存储形式

2.1.2　变量

变量是指其值可以改变的量。一个变量对应一个存储空间。

程序中处理的数据需要存放到存储器中，所以在编写程序之前，编程人员应该知道每个函数中所涉及的变量以及这些变量的类型，并在每个函数体的声明语句中定义变量的类型。计算机根据变量类型为其分配相应长度的存储单元，用来存放程序中所处理的数据。

例如，请看下面这段程序代码，理解它的含义。

```
float score;
score=89.2;
```

float score;——定义了一个用来存放实数的实型变量，名字为 score，在计算机中对应一个存储空间，如图 2-5 所示。

score=89.2;——将常量值 89.2 赋值给 score，如图 2-6 所示。

图 2-5　实型变量　　　　　图 2-6　赋值给实型变

变量名是指存储空间的名字，在对变量进行访问时，通过变量名来找到其所对应的存储空间地址。

变量的值是指存放在存储空间中的数。

变量并不是随便使用的，变量的使用要遵循一定的规则：

（1）程序中所有变量在使用之前必须定义其类型和名字，未被定义的不能被使用，被定义过的变量一定要被使用。

（2）每个变量都必须被指定为一确定类型，系统根据变量类型为其分配相应长度的存储空间。不同类型的变量可以被赋予相应类型的值，参加相应类型的运算。

上面介绍了变量在使用前需要定义其类型，定义变量类型的一般形式为：

类型标识符 变量名;

变量有三种最常见的基本类型：整型、实型、字符型。

标识符的命名规则：

编写一个 C 语言程序会涉及到很多的名字，如变量名、函数名以及将来要学习的数组名、类型名、文件名等，用来表示这些名字的字符序列叫标识符。标识符的命名要遵循一定的规则：

（1）标识符只能由字母、数字、下划线组成，且第一个字符不能为数字。

（2）C 语言区分大小写，所以在标识符命名时，大小写字母是不一样的。

（3）标识符的名字不能和 C 语言中的关键字和特定字相同。因为这些字在 C 语言中代表特定的含义，变量的名字如果和其相同的话，将引起混淆。

C 语言中的关键字共有 32 个，特定字有 7 个，参见本章后的知识链接。

（4）标识符的长度最好不要超过八个字符。

（5）标识符的命名最好做到见名知意。如 age 用来表示年龄，number 表示学号。这是为了方便阅读程序的人理解。

2.2　整型变量

想一想：如果需要定义一个用来存放年龄的变量 age，该如何定义呢？

因为年龄是用整数表示的，通常说某人芳龄 20 岁或 18 岁，而不说 18.5 岁，所以这个变量应该定义为整型，如下语句：

int age;

定义了一个整型（int）变量 age。这里的 int 是一个类型标识符，表示整型的意思；age 是变量的名字。int 型变量所占存储空间的长度为 2 个字节。当用 int 定义后，被定义的变量 age 就会被分配 2 个字节（16 比特）的存储空间。

那么一个 int 型整数如 15 在内存中是如何存储的呢？

2.2.1　整型数据在内存中的存储形式

计算机中，所有的数据都是以二进制形式表示的，整型数据也不例外，它在计算机中是以二进制补码形式存放的。

用最高的比特位表示符号，正数用 0 表示，负数用 1 表示。

例如：

```
int age;
age=15;
```

int 型数据的存储空间长度是 16 位，整型常量 15 的二进制形式是 1111，符号位为 0，空余位用 0 填充。

整型常量 15 在内存中的实际存放形式如图 2-7 所示。

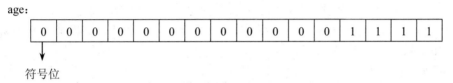

图 2-7　整型常量 15 在内存中的存储形式

负数是以补码形式存放的，假定使：

```
age=-15;
```

-15 对应的补码按照如下方法计算：

-15 的原码是：1000000000001111

-15 的反码是：1111111111110000（符号位不变，其余位取反）

-15 的补码是：1111111111110001（反码加 1）

当 age=-15 时，数据的存放形式如图 2-8 所示。

图 2-8　整型常量-15 在内存中的存储形式

想一想：int 型变量中所能存放的最大的数和最小的数分别是多少？

2.2.2　整型变量的分类

基本整型 int 所占的存储空间长度是 2 个字节，因为最高位为符号位，所以用来存放数值的只有 15 位，那么该种类型的变量中所能存放的最大的数为 2^{15}-1（32767），最小的数为-2^{15}（-32768）。

在实际使用时，如果你需要使用的整数很大，比如说中国人口总数为 13 亿，如果把 13 亿这么大的数存放在 int 型变量中，会因太大而溢出，就会出错。但是如果一个数很小，把它放在一个很大的空间中则显得浪费。例如，一个体积为 $10m^3$ 的箱子怎么可能放在一个空间体积为 $8m^3$ 的房间里呢？如果硬塞进去，箱子就会被挤坏了；但如果你把它放在一个 $100m^3$ 的房间里，则空间太大，属于浪费资源了。

在 C 语言中还有另外两种整型：

（1）短整型：用 short int 来定义，简写为 short，占 2 个字节存储空间，可以存放的最大值是 $2^{15}-1$（32767），最小值是 -2^{15}（-32768）。

（2）长整型：用 long int 来定义，简写为 long，占 4 个字节存储空间，存放的最大值是 $2^{31}-1$，最小值为 -2^{31}。

如果需要用来存放像 13 亿那么大的数，可以把存放该数的变量类型定义为 long 型，如下：

```
long number;
```

如果有赋值语句 number=1300000000，就不会有溢出的危险了。

以上所讲的都是有符号类型，即最高位作为符号位使用。在实际使用过程中，有的变量的值通常都是正的（如学号、存款额、库存量、人口），在这种情况下，就不需要符号位。C语言中有一种数据类型为无符号类型，没有符号位，其中用来存放正数。

无符号数用 unsigned 来表示，有符号数用 signed 来表示。比如需要将某个变量 age 定义为无符号整型变量，可以用如下语句表示：

```
unsigned int age;
```

如果需要将某个变量 m 定义为有符号整型变量，则可以用如下语句表示：

```
signed int age;
```

实际使用的时候，signed 可以省写，凡是没有指定符号类型的隐含为有符号。

由于无符号数没有符号位，只能表示整数，所以其表示的最小的数为 0，最大的数比有符号数可以表示的最大的数大一倍。如 int 型可以存放的最大的数为 $2^{15}-1$，而 unsigned int 可以存放的最大的数为 $2^{16}-1$。

整型所包括的子类型及各类型的数值范围如图 2-9 所示。

$$\text{整型}\begin{cases}\text{基本整型}\begin{cases}\text{有符号：[signed]int} & -2^{15}\sim2^{15}-1\\ \text{无符号：unsigned [int]} & 0\sim2^{16}-1\end{cases}\\ \text{短整型}\begin{cases}\text{有符号：[signed] short [int]} & -2^{15}\sim2^{15}-1\\ \text{无符号：unsigned short [int]} & 0\sim2^{16}-1\end{cases}\\ \text{长整型}\begin{cases}\text{有符号：[signed] long [int]} & -2^{31}\sim2^{31}-1\\ \text{无符号：unsigned long [int]} & 0\sim2^{32}-1\end{cases}\end{cases}$$

图 2-9 各种整型及其数值范围

图中，[ ]中的内容可以省略。

需要注意的是，在大多数系统中，由于短整型所占的空间长度和基本整型是一样的，所以平常很少使用短整型。

2.2.3 整型变量的定义和使用举例

1. 整型变量的定义

例如：

```
int age;                    /*将变量 age 定义为基本整型*/
```

```
long int number;              /*将变量 number 定义为长整型*/
unsigned age;                 /*将变量 age 定义为无符号整型*/
unsigned long number;         /*将变量 number 定义为无符号长整型*/
```

2. 整型变量使用举例

实例 2-2　输出一个学生的学号、年龄。

```
main()
{
    unsigned age;                        /*定义一个变量 age，为无符号整型*/
    unsigned long number;                /*定义一个变量 number，为无符号长整型*/
    age=23;
    number=33991024;
    printf("%u,%lu\n",age,number);       /*将 age 以无符号形式（%u）输出，将 number
                                          以无符号长整型形式（%lu）输出*/
}
```

运行结果为：

```
23,33991024
```

在定义变量的时候，应该根据需要将其定义为合适的类型。如年龄通常定义为无符号整型，而电话号码通常超过 7 位，应该将其定义为无符号长整型。

在赋值时，注意所赋的值是否超过了该变量所能表示的最大范围，如果超过了，则得到的结果就是错的。如将数值 34565 赋值给 int 型变量，则会出错，因为 int 型所能表示的最大数为 32767。

有的时候，在程序中会见到这样奇怪的常量，如 12332u、12332l、12332L，u 表示该数以无符号形式存放的，l（不是数字 1，是字母 l）、L 表示该数是以长整型形式存放的，占 4 个字节的存储空间。

2.3　实型变量

2.2 节中提到可以将年龄定义为整型变量，因为实际中年龄常用整数来表示。但是如果在程序中要使用到学生的考试成绩，因为考生的成绩可能不是整数，所以不应该将成绩定义为整型变量。

想一想：应该将成绩定义为何种变量？又如何定义呢？

在这种情况下，可以将成绩定义为一个实型变量，定义形式为：

```
float score;
```

float 是用来定义实型变量的类型标识符，score 是变量的名字。实型变量所占的存储空间为 4 个字节。

2.3.1　实型数据在内存中的存储形式

实型数据在内存中是按照指数形式存储的。系统通常把一个实数分成两部分来存储：小数部分和指数部分。

如 123400.3=0.1234e6，存储形式如图 2-10 所示。

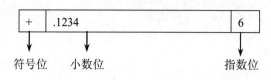

符号位　　　　小数位　　　　　　　　　　　指数位

图 2-10　实数存储形式示例

有人可能会奇怪，数据在计算机中不是以二进制形式存放的吗？

其实计算机系统是以二进制形式来表示小数部分和指数部分的，而且用 0 表示正，用 1 表示负。这里只是为了理解的方便而用十进制示意的。

2.3.2　实型变量的分类

和整型变量一样，实型数据也有大小之分，另外实数所能表示的有效数字也决定了其所能表示的精确度。根据所占空间的长度和有效数字，实型变量可以分为表 2-2 所示的三种类型。

表 2-2　实型变量的分类、长度及取值范围

变量类型	数据长度	有效数字	取值范围
单精度型（float）	4 个字节	7 位	$10^{-37} \sim 10^{38}$
双精度型（double）	8 个字节	16 位	$10^{-307} \sim 10^{308}$
长双精度型（long double）	16 个字节	19 位	$10^{-4931} \sim 10^{4932}$

有效数字是 7 位指的是只有前面 7 位数字是有效的，后面的数字没有意义。16 位有效数字、19 位有效数字有同样的意义。

本书是针对初学者编写的，由于 long double 型很少使用，本书不做介绍。

2.3.3　实型变量的定义和使用举例

1. 实型变量的定义

例如：

```
float score;          /*将变量 score 定义为单精度实型*/
double PI;            /*将变量 PI 定义为双精度实型*/
```

2. 实型变量使用举例

实例 2-3　编写程序，统计一个学生三门课成绩的总分和平均分，三门课成绩分别为 89.3、98.7、78.9。

解析：程序中涉及到五个变量：课程 1 成绩、课程 2 成绩、课程 3 成绩、总分、平均分；将这五个变量都定义为单精度型：

```
float score1,score2,score3,sum,average;
```

在计算总分和平均分之前应该给这三门课程赋初始值：

```
score1=89.3;score2=98.7;score3=78.9;
```

计算总分：

```
sum=score1+score2+score3;
```

计算平均分：

```
average=sum/3;
```

完整程序如下：

```
main()
{
    float score1,score2,score3,sum,average;      /*定义变量*/
    score1=89.3;
    score2=98.7;
    score3=78.9;
    sum=score1+score2+score3;
    average=sum/3;
    printf("sum=%f,average=%f\n",sum,average);
}
```

输出结果为：sum=266.899994,average=88.966667

%f 表示输出实数时的格式符，保留 6 位小数，三个数相加的和本是 266.9，但是由于要求保留 6 位小数，产生了一点小小的误差，不影响结果。

2.4　字符型变量

想一想：假如在统计学生成绩时，希望用'A'、'B'、'C'、'D'、'E'这样的字符来表示学生的成绩等级，那么什么类型的变量可以用来存放这样的字符常量呢？

有一种变量是用来存放字符的，称为字符型变量。定义如下：

```
char grade;
```

char 是定义字符型变量的类型标识符，grade 是变量名。char 型变量所占的存储空间为 1 个字节。

2.4.1　字符型数据在内存中的存储形式

既然计算机中所有数据的存储形式都是二进制，字符型数据当然也不例外。那么字符型数据在计算机内是如何表示的呢？

每个字符都对应一个 ASCII 码，字符的存储就是将其所对应的 ASCII 码的二进制形式存放到内存中。

如 a 的 ASCII 码是 97，其对应的二进制形式为 01100001，对应的存储形式如图 2-11 所示。

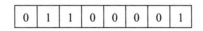

图 2-11　字符'a'的存储形式

字符不仅仅指英文字符，还包括一些常用的符号，如●、▼、▲等都是字符，这样的字符也对应相应的 ASCII 码，如●的 ASCII 码为 2，▼对应的 ASCII 码为 31，▲对应的 ASCII 码为 30。

2.4.2 字符型变量的定义和使用举例

1. 字符型变量的定义

例：

```
char grade;        /*定义一个字符变量，名为 grade*/
char sex;          /*定义一个字符变量，名为 sex*/
```

2. 字符型变量使用举例

实例 2-4 仔细观察下面的程序，是否有错？如果有错，错误在何处；如果没错，输出结果是什么？

```
main()
{
    char grade;
    grade=65;
    printf("%c\n",grade);
}
```

解析：有人可能觉得语句 grade=65 有错，怎么可以将一个整数赋值给一个字符型变量呢？

实际是可以的，因为整型变量和字符型变量在计算机中的存储形式都是其所对应整数的二进制形式，所以整型数据和字符型数据之间可以通用，整数可以赋值给字符型变量，同样，字符型数据也可以赋值给整型变量；整数可以以字符型形式输出，字符型数据也可以以整数形式输出，并且整型数据和字符型数据之间可以发生运算。

这个程序中，字符变量 grade 的值为 65，而输出时，输出格式为%c，表示以字符形式输出，因为字符'A'所对应的 ASCII 码为 65，所以该程序的输出结果为：A。

想一想：当给字符型变量赋整型数值时，其值应该在 0 ~ 255 之间，你知道为什么吗？

实例 2-5 观察下列程序的输出结果。

```
main()
{
    char sex,grade;
    sex='M';                   /*字符赋值时一定要有单撇号*/
    grade='a';
    sex=sex+32;
    grade=grade-32;
    printf("sex:%c,grade:%c\n",sex,grade);
}
```

解析：因为小写字母的 ASCII 码比其所对应的大写字符的 ASCII 码大 32，所以，sex=sex+32;是将字符变量 sex 中的字符转化为其所对应的小写字母，grade=grade-32;是将字符变量 grade 中的值转化为其所对应的大写字母。

输出结果为：

```
sex:m,grade:A
```

总结：以上三节介绍了如何定义和使用三种类型的变量。

在编写程序时，经常需要对变量预先设置一个值，称为变量赋初值。

例如，定义三个整型变量 num1，num2，num3，并给 num1 和 num2 都赋一个初值 11，语句如下：

```
int num1,num2,num3;
num1=11;num2=11;
```

也可以这样写：

```
int num1=11,num2=11,num3;
```

当然也可以分开来写：

```
int num1=11;
int num2=11;
int num3;
```

但是不能这样写：

```
int num1=num2=11,num3;
```

在 C 语言中，这样的定义赋值方式是错误的。

2.5　各类型间的混合运算

现在已经学习了三种基本类型，七种子类型：整型（int、long、short、unsigned）、实型（float、double）、字符型（char）。

想一想：假如某一次运算中，这七个子类型中的某几个或是七个都遇到了一起，同时参加运算了，结果该属于哪一种类型呢？

发生混合运算时，不同类型的数据要先转化为同一种类型，然后进行运算。各类型的转换规则如图 2-12 所示。

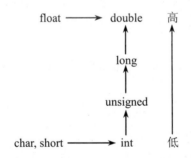

图 2-12　各类型间混合运算转换规则

横向的箭头表示必然的转换，如 char 型、short 型参加运算时，必定先转化为 int 型；float 型参加运算时，必定先转化为 double 型。

纵向的箭头表示当运算对象类型不同时转化的方向。当不同类型间混合运算时，低类型要先转化为高类型后再发生运算，结果为高类型。

例如：

```
10+2.5-'a'
```

运算从左至右执行：

（1）先运算 10+2.5，10 为整型，2.5 是实型，先将 10 转化为 double 型，然后将 2.5 也转化为 double 型，两个数相加的和为 double 型。

（2）将前面相加的结果减去'a'，由于'a'是字符型数据，要先转化为 int 型，然后由于前面

10+2.5 的结果为 double 型，所以再将'a'转化为 double 型参加运算，结果为 double 型。

关于常量与变量的概念及数据类型，扫码看微课。

C 语言中的关键字和特定字

1. 关键字

关键字，是指在 C 系统中已经使用了的有特殊含义的字符，属于 C 语言的专用符号，在给变量命名时不要使用这些"关键字"，否则在编译时会产生许多莫明其妙的错误。

C 语言中常见的关键字有以下 32 个：

auto	const	double	int	float	short
struct	unsigned	break	continue	else	for
long	sizeof	switch	void	case	default
enum	goto	register	signed	typedef	volatile
char	do	extern	if	return	static
union	while				

2. 特定字

特定字，是指具有特定含义的标识符，主要用在 C 语言的预处理程序中，它们也具有特定的含义，在给变量命名时也不要使用这些"特定字"。

常见的特定字主要有以下 7 个：

define	include	undef	ifdef	ifndef	endif	line

实训项目

实训 1：选择题

1. C 语言中三种最基本的数据类型包括（　　）。
   - A. 整型、实型、逻辑型
   - B. 整型、实型、字符型
   - C. 整型、字符型、逻辑型
   - D. 整型、实型、逻辑型、字符型
2. 在 C 语言中，下面（　　）不是整型常量。
   - A. 123
   - B. 123L
   - C. 0x123
   - D. U123
3. 在 C 语言中，下面（　　）不是字符型常量。
   - A. 'a'
   - B. '\81'
   - C. '\0x41'
   - D. "a"
   - E. '\t'
4. 下列选项中，（　　）不符合 C 语言中变量名的命名规则。
   - A. age_1
   - B. 1_age
   - C. _1age
   - D. age1
5. 假定现在需要定义一个变量 age，用来存放学生年龄，下面（　　）定义是最合适的。

A．int age; 　　B．long age; 　　C．unsigned age; 　　D．char age;

6．下面（　　）赋值语句不会出错。

A．int a=43453; 　B．long x=0; 　　C．char c="a"; 　　D．int a="b";

7．式子：4+'A'*1.25 结果的类型是（　　）。

A．int 　　　　B．char 　　　　C．float 　　　　D．double

8．下列说法中（　　）是错误的。

A．可以给整型变量赋予任意一个字符常量

B．可以给字符变量赋予任意一个整型常量

C．不同类型的数据间可以进行混合运算

D．整型数据和单精度型数据相加的结果类型为双精度类型

实训2：填空题

1．在 C 语言中，字符型数据和整型数据之间可以通用，一个字符数据既能以＿＿＿＿＿输出，也能以＿＿＿＿＿输出。

2．其值可以改变的量称为＿＿＿＿＿。

3．int 型数据的取值范围是＿＿＿＿＿，float 型数据的精度为＿＿＿＿＿。

4．C 语言中，标识符只能由＿＿＿＿＿、＿＿＿＿＿、＿＿＿＿＿三种字符组成，并且第一个字符不能是＿＿＿＿＿。

实训3：程序分析

编程是一件细致活，一个小小的细节就有可能导致出错，比如说变量名不符合要求、少个分号或括号等。下面程序中存在错误，请你根据所学的知识把这些错误找出来。

```
main()
{
    int a,b,c,sum=0;
    float aver;
    a=144;
    c=24;
    b=36,
    sum=a+b+c;
    average=sum/3.0;
    printf("%f",aver);
}
```

第3章 运算符和表达式

本章重点：

- 理解运算符的概念
- 掌握算术运算符、赋值运算符、关系运算符、逻辑运算符、位运算符、逗号运算符、求字节数运算符和强制类型转换运算符的使用
- 掌握几种运算符的优先级和结合性

当变量被定义为某一种类型后，即被分配相应的存储空间，此后并不能放置一旁不用，还需要对其进行加工。

何谓加工？加工就是指运算，C 语言中最常见的运算有加、减、乘、除等。

运算符就是用来表示运算的符号，如"+"表示加法运算，"-"表示减法运算，"*"表示乘法运算，"/"表示除法运算。

参加运算的数据称为运算量，也就是运算对象。由运算符把运算对象连接起来的式子称为表达式，如"sum=a+b;"就是一个表达式。

作为一种功能强大、应用广泛的高级语言，C 语言中所包含的运算符非常丰富，具体类别归纳如下：

- 算术运算符：用来进行一般的加减乘除运算，如+、-、*、/、%。
- 赋值运算符：对变量进行赋值，如=、+=、-=、*=、/=、%=。
- 关系运算符：用来对两个操作对象进行比较判断，如>、<、>=、<=、==、!=。
- 逻辑运算符：用来进行逻辑判断，如&&、||、!。
- 位运算符：用来实现对计算机中的二进制代码进行操作，如<<、>>、～、|、^、&。
- 求字节数运算符：用来实现求数据所占存储空间的大小，sizeof。
- 强制类型转换运算符：用来实现将一种数据类型强制转换为另一种数据类型。没有固定的运算符号。
- 逗号运算符：用来实现连接多个表达式，运算符为"，"。
- 条件运算符：进行条件是否满足的判断，运算符为"?:"。
- 指针运算符：用来实现取值或取地址，运算符为：*、&。
- 分量运算符：用来取结构体变量的某一分量值，运算符为：.、->。
- 下标运算符：[ ]。

本章主要介绍常见的几种运算符：算术运算符、赋值运算符、关系运算符、逻辑运算符、位运算符、求字节数运算符、强制类型转换运算符和逗号运算符。其他运算符将在以后相关章节讲解。

3.1　算术运算符和表达式

3.1.1　常见的算术运算符

常见的算术运算符有加（+）、减（-）、乘（*）、除（/）、取余（%）。

（1）+：实现两个数的相加求和，如 age+1、number1+number2。

（2）-：实现两个数的相减求差，如 age1-age2。

（3）*：实现两个数的相乘求积，如 salary*0.85、a*b。

（4）/：实现两个数的相除求商，如 x/y、salary/6。

注意：这里的求商和普通的求商有点小小的区别：当两个整数相除时，商的结果取整，即舍去小数部分。如 5/3 的结果为 1，-5/3 的结果为-1。这样的取整方法称为"向零取整"，即取整后向 0 靠拢。但有少数机器"四舍五入"，如-5/3 的结果为-2。

但当两个除数中有一个为实数时，结果为实数，如 5/2.0=2.5。

（5）%：实现两个整数的相除取余。如 5%3 的结果为 2，-5%3 的结果为-2。结果的符号和被除数的符号相同。参加取余运算的两个数必须是整数。

上述这五个运算符需要两个操作对象才能进行运算，称为双目运算符。

想一想：根据双目运算符的含义，你知道什么是单目运算符吗？

3.1.2　自增、自减运算符

C 语言中有一些特殊的运算符只需要一个操作对象即可进行运算，称为单目运算符，如取正运算符"+"、取负运算符"-"。

另外，在 C 语言中还有两个比较特殊的单目运算符：自增运算符"++"和自减运算符"--"，它们的作用就是使变量加 1 或减 1。运算符在变量前、后所代表的含义是不一样的，如++i、i++。下面举例说明。

（1）自增运算符++：使变量的值增 1。

例如：

```
i++   /*在使用 i 之后使 i 的值增 1*/
++i   /*先使 i 的值增 1，再使 i 参加运算*/
```

（2）自减运算符--：使变量的值减 1。

例如：

```
i--   /*在使用 i 之后使 i 的值减 1*/
--i   /*先使 i 的值减 1，再使 i 参加运算*/
```

实例 3-1　下面是一个关于递增、递减运算符的例子，它的结果是什么？

```
main()
{
    int a=1,b,c,d,e;
    b=a++;        /*先将 a 的值赋给 b，然后 a 增 1，结果是 b 为 1，a 为 2*/
    c=++b;        /*先将 b 增 1，b 为 2，再赋给 c，c 也为 2*/
    d=c--;        /*先将 c 的值赋给 d，d 为 2，然后 c 减 1，c 为 1*/
```

```
    e=--c;          /*先使 c 减 1，c 为 0，然后 c 的值 0 赋给 e，e 为 0*/
    printf("\na=%d,b=%d,c=%d,d=%d,e=%d\n",a,b,c,d,e)

}
```

结果为：

```
a=2,b=2,c=0,d=2,e=0
```

需要注意的是，这样的自增自减运算只能对变量进行，而不能对常量或表达式进行。这样的式子：5+2++，就是一个错误的表达式，6++或++6、(a+b)++等也都是不允许的。

3.1.3 算术表达式、算术运算符的优先级和结合性

算术表达式就是由算术运算符和操作数所组成的表达式，如 a+b、x/y 等。

但并不是所有表达式都像 a+b 或 x/y 这样简单，有的表达式中可能会涉及多个运算符和多个运算对象，如下面这个式子：

```
++x+a*b/c--（假设 x 的值为 3，a 的值为 5，b 的值为 2，c 的值为 3）
```

本题中涉及五个运算符：++、+、*、/、--，这五个运算符谁先算谁后算？

运算符有优先次序，当一个表达式中涉及多个运算符参加运算时，优先级高的先运算，优先级低的后运算，运算符的优先次序称为运算符的优先级。

当优先级相同时，是自左至右或是自右至左计算，称为运算符的结合性。

本节所讲的九个运算符+、-、*、/、%、++、--、+（取正）、-（取负）的优先级和结合性如图 3-1 所示。

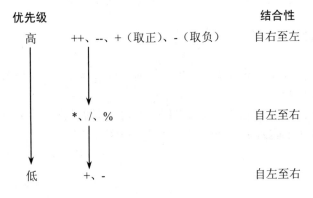

图 3-1　算术运算符的优先级和结合性

在前面的式子中，五个运算符的优先级从高到低为：++（--）、*（/）、+，所以该式相当于这样的式子：(++x)+(a*b/(c--))，结果为 9。

实例 3-2 已知 i=3，j=4，a=5，b=6，m 为未知，求下列各式的值。

（1）++i+j---a。

（2）a+b-j*a/i。

（3）m=-j++。

解析：

（1）因为-（取负）和--的结合性为自右至左，所以++i+j---a 相当于++i+j-(--a)。先使 i 加 1 变为 4，加 j 得和为 8，然后使 a 减 1 变为 4，8 减去 4 得结果为 4。

为了避免歧义，增加理解的容易程度，这样的式子最好写成++i+j-(--a)。

（2）由于*和/的优先级高于+和-，所以先计算 j*a/i 的结果，这两个运算符的结合性为自左至右，j*a 的结果为 20，20/i 的结果为 6。a+b 的结果为 11，11-6 得结果为 5。

（3）先使 j 取负得-4，赋给 m，m 的值为-4；j 自增 1，j 的值变为 5。

3.2　赋值运算符和表达式

什么叫赋值呢？就是将一个数据赋给一个变量。如"number=11;"表示将数值常量 11 赋给变量 number，"="就是最简单的赋值运算符，用来实现将常量或表达式的值赋给变量。

在 C 语言中，还有一些复杂的赋值运算符，如+=、-=、*=、/=、%=等，称为复合赋值运算符。

下面介绍简单赋值运算符"="和五个常见的复合赋值运算符。

3.2.1　简单赋值运算符

"="就是最常见的赋值运算符。

（1）PI=3.1415;：表示将常量 3.1415 赋给变量 PI。

（2）S=PI*r*r;：表示将表达式 PI*r*r 的结果赋给变量 S。

赋值号"="的左边一定是一个变量，右边是常量或表达式，表示将右边的常量或表达式的值赋给左边的变量。

想一想：如果赋值号"="右边的常量或表达式的类型和左边的变量类型不一样，该怎么处理呢？

例如：

```
int a;
a=5.12;
```

将一个实数 5.12 赋给了一个整型变量 a，a 的值会是什么呢？是 5.12，还是 5 或是出错呢？

遇到这种类型不一致的情况时，先将右边表达式的类型转换为和左边相同的类型，然后再赋值。所以上例中，a 的值取整数部分，为 5。

3.2.2　复合赋值运算符

复合赋值运算符就是在赋值符"="前加上其他运算符，如+=、-=、*=、/=、%=等。

（1）+=：如 a+=b，相当于 a=a+b。

（2）-=：如 a-=b，相当于 a=a-b。

（3）*=：如 a*=b，相当于 a=a*b。

（4）/=：如 a/=b，相当于 a=a/b。

（5）%=：如 a%=b，相当于 a=a%b。

例如：

若 x=5，则 x+=3 的结果是什么？

x+=3 相当于 x=x+3，运算后 x 的值为 8。

赋值运算符还可以和其他二目运算符构成复合赋值符，如<<=、>>=、^=、|=、&=等，将在 3.5 节介绍。

3.2.3 赋值表达式及赋值运算符的优先级和结合性

赋值运算符将变量和表达式连接起来构成的式子称为赋值表达式，如 y=x、x+=4 等。
当赋值运算符遇到算术运算符时，谁先算谁后算？专业的说法是，谁的优先级高呢？
赋值运算符的优先级低于算术运算符。

在赋值运算符内部，所有的赋值运算符的优先级相同，结合性自右向左。

实例 3-3　已知 a=3，b=4，c=5，d=6，m 和 n 未知，求下列各式的值。

（1）m=a+3。

（2）m=n=b。

（3）a+=a*=3。

解析：

（1）"+"的优先级高于"="，先计算出 a+3 的结果为 6，赋给 m，m 的值为 6。

（2）由于赋值符"="为右结合性，该式相当于 m=(n=b)；先将 b 的值赋给 n，n 为 4，将 4 赋给 m，m 的值为 4。

（3）表达式中有两个复合赋值运算符：+=和*=。由于复合赋值运算符的结合性自右至左，所以先计算 a*=3，相当于 a=a*3，a 的值为 9；a+=9，相当于 a=a+9，a 为 18。

3.3　关系运算符和表达式

关系运算又称比较运算，就是对两个运算量进行比较，判断其比较的结果是否符合给定的条件。如果符合，则结果为"真"，用 1 表示；如果不符合，则结果为"假"，用 0 表示。

关系运算符就是用于关系运算的符号。

例如：

若 a=5，则 a<6 成立，结果为真；a>6 不成立，结果为假。

其中，<、>就是用于比较运算的关系运算符。

3.3.1 关系运算符

C 语言中共有 6 个用于比较的关系运算符：<（小于）、>（大于）、<=（小于或等于）、>=（大于或等于）、==（等于）、!=（不等于）。

实例 3-4　若 a=5，b=6，求下列各式的结果。

（1）a<b。

（2）a>b。

（3）a>=5。

（4）b<=6。

（5）a==b。

（6）a!=b。

解析：

（1）该式成立，结果为真。

（2）该式不成立，结果为假。

（3）该式成立，结果为真。

（4）该式成立，结果为真。

（5）该式不成立，结果为假。

（6）该式成立，结果为真。

3.3.2   关系表达式及关系运算符的优先级和结合性

关系表达式就是用关系运算符将两个变量或表达式连接起来的式子，如 a>4、(x+y)>=(a+b)、(a>b)>(x>y)。

关系表达式的结果是一个逻辑量，逻辑量只有两个值：真或假，真用 1 表示，假用 0 表示。

比之于前面的算术运算符和赋值运算符，关系运算符的优先级如何呢？

关系运算符的优先级介于算术运算符和赋值运算符之间，比算术运算符低，比赋值运算符高。

关系运算符的结合性是自左至右。

实例 3-5   已知 x=3，y=5，z=6，m 未知，求下列各关系表达式的值。

（1）x+3>y。

（2）m=x<y<z。

（3）m=y++==--z。

解析：

（1）由于算术运算符+的优先级高于>，所以先计算 x+3 的和为 6；再进行判断 6>y，y 的值为 5，所以 6>5 成立，为真，表达式的值为 1。

（2）关系运算符<的优先级高于赋值符=，所以先判断出 x<y<z 的结果，再将结果值赋给 m。由于关系运算符的结合性自左至右，所以先判断 x<y 是否成立，x 的值为 3，y 的值为 5，x<y 成立，结果为真，用 1 表示。再判断 1<z 的结果，z 的值为 6，1<6 成立，结果为真，用 1 表示。所以 m 的值为 1。

（3）该式共涉及四个运算符：++、--、=、==。其中算术运算符的优先级最高，赋值运算符的优先级最低。所以先计算 y++和--z 的结果，由于++在 y 的后面，所以 y 以原值 5 参加运算，--在 z 的前面，z 先减 1 再参加运算，z 的值减 1 后得 5。然后判断 y 的值 5 是否等于 z 的值 5，相等，结果为真，用 1 表示，赋给 m，所以 m 的值为 1。

3.4   逻辑运算符和表达式

想一想： 如何表示这样的关系：x 大于 y 并且 x 大于 z。

x 大于 y 可以表示为：x>y。

x 大于 z 可以表示为：x>z。

两个都成立该如何表示呢？

可以这样表示：(x>y)&&(x>z)。

这个表达式中的&&就是一个逻辑运算符，逻辑运算符将关系表达式或逻辑量连接起来，构成的式子称为逻辑表达式。

逻辑表达式的结果也用真或假来表示，真用 1 表示，假用 0 表示。

3.4.1 逻辑运算符

C 语言中的逻辑运算符只有三个：逻辑与（&&）、逻辑或（||）、逻辑非（!）。其中逻辑与又称为逻辑乘，逻辑或又称为逻辑加，逻辑非又称取反。

（1）&&：用来连接两个运算量或表达式。

一般形式：

```
a&&b
```

只有当 a 和 b 都为真时，结果才为真；a 和 b 任一为假或都为假时，结果就为假。

（2）||：用来连接两个运算量或表达式。

一般形式：

```
a||b
```

a 和 b 中任一为真，结果就为真；只有当 a 和 b 都为假时，结果才为假。

（3）!：用来取反。

一般形式：

```
!a
```

若 a 为真，!a 就为假；若 a 为假，!a 就为真。

实例 3-6 a=5，b=6，x=7，y=8，求下列各式的值。

（1）(a>b)&&(x<y)。

（2）(a<b)||(x<y)。

（3）a&&x。

（4）!a。

解析：

（1）a>b 不成立，为假。由于对于逻辑运算符&&，任一值为假，则结果为假，所以该式结果为假，用 0 表示。

（2）a<b 成立，结果为真，因为对于逻辑运算符||，任一值为真，则结果为真，所以无须判断 x<y 是否成立，该式结果为真，用 1 表示。

（3）a 的值为 5，x 的值为 7。在参加逻辑运算时，逻辑运算对象为非 0 的作为"真"值参加运算，为 0 的作为"假"值参加运算。

a 的值为 5，作为真值参加运算；x 的值为 7，也作为真值参加运算，所以该式的结果为真，用 1 表示。

（4）a 为 5，作为真值参加运算，则!a 的结果为假值，用 0 表示。

3.4.2 逻辑表达式及逻辑运算符的优先级和结合性

逻辑表达式就是用逻辑运算符将关系表达式或逻辑量连接起来的式子。

逻辑表达式要么成立，要么不成立。成立为真，用 1 表示；不成立为假，用 0 表示。

在一个逻辑表达式中可以包含多个逻辑运算符，也可以包括算术运算符、关系运算符、赋值运算符。当这么多运算符遇到一起时，这些运算符的优先次序如何呢？逻辑运算符的结合方向是自左至右还是自右至左呢？

逻辑运算符、算术运算符、关系运算符、赋值运算符的优先次序如下：

！（逻辑非）	高
算术运算符	
关系运算符	↓
逻辑运算符&&和||	
赋值运算符	低

在逻辑运算符中，逻辑非（！）的结合性自右至左，逻辑与和逻辑或的结合性自左至右。

实例 3-7　求下列逻辑表达式的结果，已知 a=5，b=6，x=7，y=8，m 未知。

（1）a>=b-1&&x+1==y。

（2）!a+2\|\|x>y。

解析：

（1）式中所涉及的运算符优先级从高到低为：-（+）、>=（==）、&&，所以该式就相当于：(a>=(b-1))&&((x+1)==y)。

先判别 a>=b-1：b-1 为 5，a>=5 的结果为真；再判别 x+1==y：x+1 的值为 8，8==y 的结果为真，所以整个表达式的结果为真，用 1 表示。

（2）式中所涉及的运算符的优先级从高到低为：!、+、>、\|\|，所以该式等价于((!a)+2)\|\|(x>y)。

由于 a 的值 5，在参与!a 运算时，5 为非 0，作为真值参加运算，则!a 为假，用 0 表示。0+2 的结果为 2，2 为非 0，为真值。对于\|\|运算符，参加运算的任一值为真，则结果为真，所以无须判断 x>y 是否成立，该式结果为真，用 1 表示。

思考：若 a=5，b=4，x=0，判断下面表达式的结果及 x 的值:

0&&x=a>b。

解析：

对于&&运算符，只要参加运算的一方为 0，结果即为 0，所以无须计算后面 x=a>b 的值。计算机当然也很聪明，当它识别到第一个数为 0 时，即已判断整个表达式的值为 0，后面压根儿就没计算，所以 x 的值还是原值 0。

逻辑运算符可以把若干条件连接起来，构成一个复杂的条件。

实例 3-8

（1）判别 x 是否可以被 3 整除但不能被 8 整除。

x 可以被 3 整除表示为：x%3==0；

x 不可以被 8 整除表示为：x%8!=0；

两个条件同时满足可以表示为：

`(x%3==0)&&(x%8!=0)`

（2）判别 x 能被 3 整除或能被 8 整除。

表达式如下：

`(x%3==0)\|\|(x%8==0)`

在 C 语言中，很多表达式要符合 C 的规范，比如要表达数学关系 10<x<20，就不能写成常见的形式：10<x<20，而要用逻辑运算符把两个条件连起来：x>10&&x<20。

3.5 位运算符和表达式

在计算机内部，数据都是以二进制 0 和 1 的形式存在的，例如字符'a'的 ASCII 码为 97（0×61），其对应的二进制形式为 1100001，由于字符型数据在系统中占一个字节（即 8 个二进制位）的存储空间，字符'a'对应的存储形式如下：

0	1	1	0	0	0	0	1

每个二进制位称为一个比特，又称位，这是字符'a'在计算机中存储的最原始形式，其他类型的数据在计算机中同样也由二进制位构成，就像人体是由许多细胞组成的，这里的"位"就相当于计算机中存储器的细胞。

C 语言是一种系统编程语言，功能非常强大，它可以直接对计算机中的最基本构成单元进行位操作运算，这是其他很多高级语言所无法实现的。

对二进制位进行的运算称为位运算，C 语言中的位运算符共有 6 个：&（按位与）、|（按位或）、^（按位异或）、~（按位取反）、>>（右移）、<<（左移）。

3.5.1 "按位与"运算符"&"

"按位与"又称"按位乘"，即二进制位相乘。"按位与"的规则为：

0&0=0　0&1=0　1&0=0　1&1=1

您是否看出规律了呢？该规则有这样的规律：任何二进制位数和 0"按位与"，结果都为 0。

实例 3-9 求 0&-10 的结果。

解析：

0 的补码形式：0 0 0 0 0 0 0 0 0 0 0 0 0 0 0 0

-10 的补码形式：1 1 1 1 1 1 1 1 1 1 1 1 0 1 1 0

按位与：&

"按位与"结果：0 0 0 0 0 0 0 0 0 0 0 0 0 0 0 0

运算结果所对应的十进制数为 0，所以 0&-10 的结果为 0。

其实该式无须计算即可判断出结果，因为 0 和任何数"按位与"结果都为 0，这里的详细解释是为了让初学者加深理解。

由上式还可以得到一个结论：如果想使一个存储单元清零，只需将其和 0"按位与"即可。

在按位与时，正数以原码形式参加运算，负数以补码形式参加运算。

3.5.2 "按位或"运算符"|"

"按位或"又称"按位加"。"按位或"的规则如下：

0|0=0　0|1=1　1|0=1　1|1=1

该规则可以这样记忆：任何二进制数和 1"按位或"都为 1。

实例 3-10 计算 00110000 和 00001111 按位或的结果。

解析:

```
    00110000
|   00001111
```

结果为: 00111111

这个例子中低 6 位都变为 1 了, 所以"按位或"可以使指定位为 1, 如果需要使某位为 1, 只需使该位和 1"按位或"即可。

3.5.3 "按位异或"运算符"^"

"按位异或"简称"异或"运算符, 它的运算规则为:

0^0=0　0^1=1　1^0=1　1^1=0

该规则可以这样记忆: 如果参加运算的两个二进制位不同, 结果为 1; 如果相同, 则结果为 0。

如:　　01101101
　^　10100110

结果为:　11001011

"异或"运算符可以用于使指定位翻转, 使 1 变为 0, 使 0 变为 1。

实例 3-11　假设有一个二进制数 a 为 01110110, 想使该数低 4 位翻转, 其他位不变。

解析:从"异或"的规则可以得知, 0^1=1, 1^1=0, 即任一二进制位数和 1 相"异或"就是取其相反数, 而任一二进制位和 0 相"异或"后值不变。如果想使 a 的低 4 位翻转, 可以和这样的数相"异或": 00001111。

运算过程如下:

```
    01110110
^   00001111
```

结果为:　01111001

3.5.4 "取反"运算符"~"

该运算符主要用于对一个二进制数按位取反, 即将 0 变为 1, 将 1 变为 0。

实例 3-12　对十六进制数 1EAB 按位取反。

解析:

对该数"取反"可以这样表示: ~1EAB

1EAB 对应的二进制数为: 0001　1110　1010　1011

"取反"后得: 1110　0001　0101　0100

3.5.5 "左移"运算符"<<"

该运算符可以用来将一个二进制数左移若干位。

如 x<<n, 表示将数值 x 所对应的二进制数向左移动 n 位, 高位左移后被舍弃掉, 低位补 0。

实例 3-13　求将十进制数 21 所对应的二进制左移 2 位后所得的数值。

解析:21"左移"2 位可以表示为 21<<2

21 所对应的二进制数为: 0000000000010101

"左移"2 位后得: 0000000001010100

该数所对应的十进制数为：84

对应左移时没有出现溢出 1 的情况，左移 2 位相当于使该数乘以 4（2^2），左移 n 位就相当于使该数乘以 2^n。如果溢出位中包含 1，则移动后不遵循这样的规则。

3.5.6 "右移"运算符">>"

该运算符可以用来将一个二进制数右移若干位。

如 x>>n，表示将数值 x 所对应的二进制数向右移动 n 位，移出的低位被舍弃掉。对于无符号整数，高位补 0 填齐，而对于有符号数，在 Turbo C 的系统中，高位补 1 填齐。

实例 3-14 求将十进制数 20 所对应的二进制数右移 2 位后的值。

解析：

20 右移 2 位可以表示为 20>>2

20 所对应的二进制数为：0000000000010100

"右移" 2 位后得：0000000000000101

该数所对应的十进制数为：5

如果右移时没有溢出 1，则向右移动 n 位时，相当于使该数除以 2^n。

3.5.7 位运算符和赋值运算符

算术运算符可以和赋值运算符组成复合赋值运算符：+=、-=、*=、/=、%=，位运算符也可以和赋值运算符构成复合赋值运算符：&=、|=、>>=、<<=、^=。

实例 3-15 a 的值为 5，求表达式 a&=9、a<<=2 的值。

解析： 先求 a&=9 的结果。

a&=9 相当于 a=a&9

a 的值为 5，所对应的二进制数为：0000000000000101

数值 9 所对应的二进制数为：0000000000001001

两数 "按位与" 的结果为：0000000000000001

对应的十进制数为 1，所以 a&=9 的结果为 1。

再求 a<<=2 的结果。

a<<=2 相当于 a=a<<2

因为 a 的二进制数为：0000000000000101

"左移" 2 位后为：0000000000010100

对应的十进制数为 20。

注意： 若两个数据长度不同的数按位运算时，系统会自动将二者右端对齐，长度短的数据如果为正，高位补 0 添齐，如果为负，则高位补 1 添齐。

3.6 逗号运算符和表达式

C 语言中还有一个在其他语言中比较少见的运算符——逗号运算符 ","。

在 C 语言中，逗号 "," 变成运算符了！在这里，逗号 "," 确实是一个运算符。

逗号运算符的作用是将若干个表达式连接起来。

逗号表达式的一般形式为：

表达式 1,表达式 2,表达式 3,…,表达式 n

由逗号运算符把若干个表达式连接起来所构成的式子就是逗号表达式。逗号运算符可以连接两个或两个以上的表达式。

那么逗号运算符是如何求结果值的呢？

逗号表达式的求解过程是这样的：先求解表达式 1，再求解表达式 2，……，直至求出表达式 n。整个逗号表达式的值就是最后的表达式 n 的值。在所有运算符中，逗号运算符的优先级最低。

实例 3-16　已知 a=3，求下列逗号表达式的值。

（1）++a,a+5,a+6　　　　　　　　（2）a=2*3,b=a-2,b-a,a+=2

解析：

（1）先求表达式++a 的值，因为自增运算符在前，所以先使 a 增 1 得 4；再求表达式 a+5 的值，得 9。需要注意的是，有人会误以为此时 a 已经为 9 了，其实 a 的值没变，仍为 4，只是表达式 a+5 的值为 9 了；然后求表达式 a+6 的值，得 10，所以整个表达式的值为 10。

（2）该表达式相当于(a=2*3),(b=a-2), (b-a),(a+=2)。

先求表达式 a=2*3 的值，得 a=6；

再求 b=a-2 的值，b 为 4；

b-a 的值为-2；

a+=2 就相当于 a=a+2，在表达式 1 中 a 的值为 6，和 2 相加后 a 的值为 8，所以整个逗号表达式的值为 8。

逗号运算符很少使用，使用时只是想分别得到各个表达式的值，而不是要求整个逗号表达式的值。

3.7　求字节数运算符 sizeof 和强制类型转换运算符

3.7.1　求字节数运算符 sizeof

想一想：你知道 long int 型数据在存储器中所占的字节数吗？你知道表达式 3+21 在计算机中所占的字节数吗？

sizeof 来告诉你如何知晓。

sizeof 是一个运算符，功能是求数据在存储器中所占的字节数，一般使用形式如下：

sizeof(类型标识)

也可以写成：

sizeof(表达式)

你可以用 sizeof 来得到 long int 型数据所占的空间长度：sizeof(long int)；3+21 所占的空间长度为：sizeof(3+21)。

实例 3-17　我们已经学习过的 C 语言中的基本数据类型有：int，long int，short，float，double，char，下面我们来编写一个程序求出这几种基本数据类型所占的字节数并将结果输出来。

解析：

程序如下：

```
main()
{
    int L1,L2,L3,L4,L5,L6;                      /*定义 6 个整型变量 L1，L2，L3，L4，L5，L6*/
    L1=sizeof(int);                             /*求出 int 类型的长度，并将求出的长度放在 L1 中，以下类似*/
    L2=sizeof(long int);
    L3=sizeof(short);
    L4=sizeof(float);
    L5=sizeof(double);
    L6=sizeof(char);
    printf("int:%d,long:%d,short:%d,float:%d,double:%d,char:%d\n",
            L1,L2,L3,L4,L5,L6);
}
```

程序输出的结果为：

```
int:2,long:4,short:2,float:4,double:8,char:1
```

从结果可以看出，int 型数据占 2 个字节，long 型占 4 个字节，short 型占 2 个字节，float 型占 4 个字节，double 型占 8 个字节，char 型占 1 个字节。

以后，如果你想知道某种数据类型所占存储空间的长度就可以方便地使用 sizeof()求出结果了。

3.7.2　强制类型转换运算符

C 语言中提供了一个特殊的运算符——强制类型转换运算符，它可以根据需要实现数据类型的转换。

强制类型转换运算符并无固定的运算符号，一般使用形式如下：

```
(类型名)(表达式);
```

类型名表示希望转换成的类型，表达式是需要转换的对象。

实例 3-18　已知 x=2.5，y=3.7，求(int)x+y 和(int)(x+y)的值。

解析：

(int)x+y：(int)x 表示将 x 转换成整型参加运算，x 的原值为 2.5，转换为整型是 2，2 和 y 相加得 5.7。

(int)(x+y)：该式表示将 x+y 的结果转换成整型，x+y 的结果为 6.2，转换为整型就是取整数部分，即 6。

注意：强制类型转换只是得到一个中间值参加运算，被转换的数值本身并没有改变，在实例 3-18 中，x 和 y 的原值没变，x 的值仍为 2.5，y 为 3.7。

3.8　运算符小结

本章共学习了八种 38 个运算符，按照优先级从高到低排列如表 3-1 所示（1 级最高）。

不同优先级的运算符，其优先级从高到低进行；同一优先级的运算符，运算次序由结合方向决定。

基础篇

表 3-1

优先级	运算符	结合性
1	! 　 ～ 　 ++ 　 -- + （取正） 　 - （取负） sizeof 　 类型转换运算符	自右至左
2	* 　 / 　 %	自左至右
3	+ 　 -	自左至右
4	<< 　 >>	自左至右
5	< 　 <= 　 > 　 >=	自左至右
6	== 　 !=	自左至右
7	&	自左至右
8	^	自左至右
9	|	自左至右
10	&&	自左至右
11	||	自左至右
12	= 　 += 　 -= 　 *= 　 /= 　 %= 　 >>= 　 <<= 　 &= 　 ^= 　 |=	自右至左

实训项目

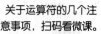

关于运算符的几个注意事项，扫码看微课。

实训 1：选择题

1．C 语言中，运算对象必须是整型数的运算符是（　　　）。

　　A．%　　　　　　B．/　　　　　　　C．%和/　　　　　　D．*

2．为表示关系 x≥y≥z，可以使用下面的（　　　）表达式来表示。

　　A．(x>=y)&&(y>=z)　　　　　　B．(x>=y)\|\|(y>=z)

　　C．(x>=y>=z)　　　　　　　　 D．(x≥y)&&(y≥z)

3．在以下运算符中，优先级最高的运算符是（　　　）。

　　A．<=　　　　　　B．/　　　　　　　C．!=　　　　　　　D．&&

4．设有如下定义：

int x=10,y=3,z;

则语句"printf("%d\n",z=(x%y,x/y));"的输出结果为（　　　）。

　　A．1　　　　　　B．0　　　　　　　C．4　　　　　　　D．3

5．以下程序的输出结果是（　　　）。

```
main()
{
    int x=10,y=10;
    printf("%d    %d\n",x--,--y);
}
```

A. 10   10   B. 9   9   C. 9   10   D. 10   9

6. 已知：

```
float a=6.5,b=3.5;
int sum;
```

执行运算 "sum=(int)a*(int)b;" 后，a、b、sum 的值为（　　）。

A. 6.5   3.5   18   B. 6.5   6.5   12

C. 6   6   13   D. 6   6   12

7. 在位运算中，操作数每右移一位，其结果相当于（　　）。

A. 操作数乘以 2   B. 操作数除以 2

C. 操作数除以 16   D. 操作数乘以 16

8. 设 a=5，b=6，c=7，d=8，m=2，n=2，执行 "(m=a>b)&&(n=c>d)" 后 n 的值为（　　）。

A. 1   B. 2   C. 3   D. 4

实训 2：计算题

1. 若有定义 int a=2,b=3;float x=3.5,y=2.5;则表达式
(float)(a+b)/2+(int)x%(int)y 的值为_____

2. 有表达式 20＜x≤30，用 C 语言正确描述应该是_____

实训 3：写出下列程序的运行结果

```
main()
{
    int i,j,m,n;
    i=3;
    j=4;
    m=i+j--;
    n=++i+j;
    printf("i=%d,j=%d,m=%d,n=%d\n",i,j,m,n);
}
```

结果为_____。

第 4 章 输入/输出函数

本章重点:

- 掌握输出函数 putchar()和 printf()的使用
- 掌握输入函数 getchar()和 scanf()的使用

通常,程序是按照要求对数据进行处理,处理完后将得到的结果输出。

那么数据是如何从键盘输入到指定的存储单元中,又如何从存储单元中输出到显示屏上的呢?

C 语言中提供了输入输出函数来实现输入数据和输出数据的功能。

下面是一个用 C 语言编写的成绩计算器,功能是:从键盘输入学生的考试成绩和表现成绩,计算出该学生的最终成绩,最终成绩=考试成绩×70%+表现成绩×30%。

程序中 e_score 表示考试成绩,p_score 表示表现成绩,score 表示最终成绩。

```
main()
{
    float e_score, p_score, score;
    printf("请输入学生的考试成绩和平时成绩: \n");
    scanf("%f%f",&e_score,&p_score);
    score=e_score*0.7+p_score*0.3;
    printf("总评成绩: %f\n",score);
}
```

如果从键盘输入 85 和 90,则输出结果为:总评成绩: 86.500000

程序中的 scanf()是输入函数,实现输入功能,按指定的格式%f(实数)从键盘接收两个实型数据,送到指定的变量存储单元 e_score 和 p_score 中。

printf()是输出函数,用来将变量单元 score 中的二进制数据按指定格式%f(实数)输出。

功能强大的 C 语言当然不仅仅只有这两个输入输出函数,输入函数还有 getchar()和 gets(),输出函数有 putchar()和 puts()。

这六个输入输出函数都属于 C 语言的库函数,即 C 语言自带供用户使用的标准输入输出函数。当在程序中使用到这些函数时,需要在程序前加如下命令:

```
#include "stdio.h"
```

也可以写成:

```
#include <stdio.h>
```

stdio 是"标准输入输出函数库"的意思,".h"是后缀名,表示头文件。

在前几章举例所讲的程序中都使用到了 scanf()或 printf(),为什么程序前没有加#include "stdio.h"或#include <stdio.h>命令呢?是因为 printf()和 scanf()这两个函数使用太频繁了,C 语言程序默认添加#include 命令了。不过使用其他四个输入输出函数一定得自己在程序前加#include 命令。

本章主要讲述输出函数 putchar()、printf()和输入函数 getchar()、scanf()的使用，另外两个函数 puts()和 gets()用于输入输出字符串，将在第 7 章讲述。

4.1 输出函数 putchar()和 printf()

一个程序可以没有输入，但是一定要有输出。

4.1.1 字符输出函数 putchar()

putchar()函数的作用是输出一个字符，一般形式如下：

```
putchar(c);
```

c 可以是一个字符型变量或常量，也可以是整型变量或常量，还可以是转义字符。putchar(c)的意思是将 c 中的数据以字符形式输出。

实例 4-1 下列程序是 putchar()的使用举例，输出结果是什么？

```
#include <stdio.h>
main()
{
    char c1='H';
    int b=97;
    putchar(c1);        /*输出字符变量 c1 中的字符，为 H*/
    putchar(b);         /*输出整型变量 b 中的值 97 所对应的字符，为 a*/
    putchar('a');       /*输出字符常量 a*/
    putchar('!');       /*输出感叹号!*/
    putchar('\n');      /*换行*/
}
```

输出结果：

```
Haa!
```

在这个例子中，b 是一个整型变量，值为 97，当使用 putchar(b)形式输出时，输出的是 97 所对应的字符。由于小写字母 a 的 ASCII 码是 97，所以输出的是字符'a'。

需要注意的是，putchar()函数每次只能输出一个字符，如果需要输出多个字符，就需要多次调用这个函数，如果需要输出若干个实数或整数，则根本不能使用 putchar 函数，那么该用什么函数呢？

4.1.2 格式输出函数 printf()

printf()函数可以实现这样的功能：它可以将任意多个数据按各自指定的格式输出来，可以输出整数形式、实数形式、字符形式等。

例如：

```
float score=85.5;
int age=20;
char sex='m';
printf("score=%f,age=%d,sex=%c",score,age,sex);
```

最后一行的输出语句表示将 score 中的数据以实数形式（%f）输出，age 中的数据以整数形式（%d）输出，sex 中的数据以字符形式（%c）输出。输出结果为：

```
score=85.500000,age=20,sex=m
```

1. printf()函数的格式

由上面这个小例子可以得知，printf()函数的一般使用形式为：

```
printf("格式控制",输出表列);
```

比如：

```
printf("%d+%d=%d",a,b,sum);
```

其中，双撇号内是格式控制，用来控制输出数据的格式；双撇号外的输出表列表示的是要输出的对象。通俗点说，"格式控制"是告诉计算机你希望以什么样的格式输出对象，"输出表列"是告诉计算机你希望输出的对象是什么。

（1）格式控制。格式控制用来控制输出数据的格式，用双撇号括起来，其中通常包括两部分信息：格式说明和普通字符。

1）格式说明。由"%"和格式说明符组成，它表示以该格式输出数据。格式说明以"%"为开始标志，如上面表达式中的"%d"表示整型格式。

双撇号内的格式说明各项和输出表列中的对象是一一对应的，上面这个实例：printf("%d+%d=%d",a,b,sum);，第一个%d 对应的是 a 的输出格式，第二个%d 对应的是 b 的输出格式，第三个%d 对应的是 sum 的输出格式。

2）普通字符。在格式控制中，除了格式说明外，还有一些需要原样输出来的字符，称为普通字符，如上面表达式中的+、=。

（2）输出表列。指需要输出的对象，可以是变量名或表达。如上面表达式中的 a、b、sum 就是三个要输出的对象，输出对象间用逗号间隔。

输出表列和格式说明之间是一一对应关系，输出时将格式控制中的格式说明替换成输出对象的值即可，这个值以格式说明所指定的格式来表示。

假定：

```
a=3.5;b=4;sum=a+b;
```

那么语句 printf("%f+%d=%f",a,b,sum);的输出结果是什么呢？

第一个%f 对应的是输出表列中变量 a 的格式，将%f 替换成 a 的值，因为%f 表示实数形式，所以输出的是 a 值的实数表示形式，为 3.500000；第二个%d 对应的是输出表列中变量 b 的值，将%d 替换成 b 的值，%d 为整数形式，输出为 4；同理，将第三个%f 替换成 sum 的值，为 7.500000；格式说明中的+、=不变，原样输出。所以输出结果是：

```
3.500000+4=7.500000
```

若表达式改为：

```
printf("a=%f,b=%d,sum=%f",a,b,sum);
```

则输出结果是：

```
a=3.500000,b=4,sum=7.500000
```

2. 格式说明符

格式说明符限制输出数据的格式，和%连在一起使用。如%d 表示整型形式，d 是整型格式符；%f 表示实型形式，f 是实型格式符。

常用的格式符有以下几种：

（1）d 格式符：用来输出十进制 int 型数据。先来看一个例子。

实例 4-2

```
main()
{
    int a=520;
    long int b=33991024;
    printf("%d,%2d,%5d,%ld,%5ld,%10ld",a,a,a,b,b,b);
}
```

这其中出现了%d 的几种变形形式，在格式符 d 的前面出现了一些数字和字符，如%2d，%5d，%ld，%5ld，%10ld，是什么意思呢？

1）%d：表示按整数的实际长度输出，所以输出的第一个数为 520。

2）%md：m 是一个常数，用来限定输出数据所占的宽度。当 m 的值小于数据的实际宽度时，数据宽度不变，原样输出；当 m 的值大于数据的实际宽度时，在左端添两个空格补齐；如果 m 是负数，则在右端补两个空格。

所以本例中输出的第二、三个数为 520，□□520。

注意：□表示空格，输出并不显示。

3）%ld：以长整型形式输出数据。

在本例中，b 是一个长整型数据，如果将 b 以%d 形式输出则出错，因为整型数据的范围为：-32768～32767。long 型数据应该以%ld 形式输出，所以输出第四个数为 33991024。%mld 的意义和 2）中所讲的%md 意义一样，所以第五、六个数为 33991024，□□33991024。

实例 4-2 的输出结果为：

520,520,□□520,33991024,33991024,□□33991024

想一想：int 型数据可以以%ld 的形式输出吗？输出的结果会有错吗？

（2）u 格式符：用来输出十进制 unsigned 型数据。

对于 unsigned 型数据，可以用%u 形式输出。

（3）o 格式符：以八进制无符号形式输出整数，输出时将符号位一起转换为八进制数值。

实例 4-3

```
main()
{
    int a=-1;
    printf("%d,%o,%8o",a,a,a);
}
```

解析：

-1 在计算机中的存放形式（补码）为：

1 1 1 1 1 1 1 1 1 1 1 1 1 1 1 1

对应的八进制数为：

177777

%8o 限制输出数据占 8 列，意义同%md，所以该程序段的输出结果为：

-1,177777,□□177777

（4）x 格式符：以十六进制无符号形式输出整数，输出时将符号位一起转换为十六进制输出，使用方法同%o。

实例 4-4

```
main()
```

```
{
    int a=-1;
    printf("%o,%x",a,a);
}
```

输出结果为：

```
177777,ffff
```

（5）c 格式符：以字符型形式输出数据。

实例 4-5

```
char c1='a';
printf("%c",c1);
```

输出结果为：

```
a
```

0～255 范围内的整数也可以以字符型形式输出，输出的是该整数作为 ASCII 码所对应的字符；同样，字符型数据也可以以整型形式输出，输出其所对应的 ASCII 码即可。

实例 4-6

```
int c1=97;
char c2='a';
printf("%c,%d",c1,c2);
```

由于 97 是字母'a'的 ASCII 码，所以将 97 以字符形式输出时，输出的是'a'；将字符'a'以整型输出时，输出的是它的 ASCII 码，即 97。

输出结果为：

```
a,97
```

想一想：如果想限制输出字符的宽度，该如何写呢？

其实同%md 一样，只要写成%mc 形式即可，m 就是输出数据所占的宽度。

（6）f 格式符：以小数形式输出实数。

实例 4-7

```
main()
{
    float x=12345.1111001;
    double y=123456789123456.1111111111111111;
    printf("%f,%f\n",x,y);
    printf("%10.2f,%-10.1f,%.2f",x,x,x);
}
```

题中又出现了%f 以及它的几种变形形式：%10.2f，%-10.2f，%.2f，都代表什么意思呢？

1）%f：输出带 6 位小数的实数。对于单精度实数，有效位数为 7 位；对于双精度实数，有效位数为 16 位。

所以第一行输出为：12345.11328，123456789123456.109000

　　　　　　　　　　7 位有效数字　　　　16 位有效数字

虽然带 6 位小数，但是只有在有效位内的数字才有效。

2）%m.nf：指定输出数据占 m 列，其中有 n 位小数，如果数值长度小于 m，则左补空格。所以第二行输出的第一个数为：□□12345.11。

3）%-m.nf：意义同上，只是当数值长度小于 m 时，右补空格。第二行输出的第二个数为：12345.1□□□。

4）%.nf：表示带 n 位小数，对列宽无限制。第二行输出的第三个数为：12345.11。

实例 4-7 的输出结果为：

```
12345.111328, 123456789123456.109000
□□12345.11, 12345.1□□□, 12345.11
```

（7）s 格式符：用来输出一个字符串。

实例 4-8

```
main()
{
    printf("%s,%3s,%6s,%-6s,%7.3s,%-7.3s,%.4s","china","china", "china",
            "china", "china", "china", "china");
}
```

题中出现了%s 和它的几种变形形式：%3s，%6s，%-6s，%7.3s，%-7.3s，%.4s。

1）%s：按实际长度输出字符串，第一个输出为：china。

2）%ms：限定输出字符串占 m 列，若字符串长度大于 m，则按原长输出；若字符串长度小于 m，则左补空格。

所以第二、三个输出为：china，□china。

3）%-ms：当字符串长度小于 m 时，右补空格。

所以第四个输出为：china□。

4）%m.ns：限定输出占 m 列，但只取字符串左端的 n 个字符。这 n 个字符输出时靠右对齐，左补空格。

所以第五个输出为：□□□□chi。

5）%-m.nf：意义同上，右补空格。

所以第六个输出为：chi□□□□。

实例 4-8 的输出结果为：

```
china,china,□china,china□,□□□□chi,chi□□□□
```

（8）e 格式符：以指数形式输出实数。

实例 4-9

```
printf("%e",123.456);
```

输出为：

```
1.23456e+02
```

%m.ne 或%-m.ne 含义与前面相似，这里不做详解。

（9）g 格式符：用来输出实数，它根据数值大小，自动选 f 格式或 e 格式。

4.2　输入函数 getchar()和 scanf()

关于输出函数 printf，扫码看微课。

从 4.1 节中已经得知如何将计算机内的变量以指定的格式输出，如果想输出一个字符形式的数据，可以使用字符输出函数 putchar()，而如果想一次性地输出多个变量，可以使用函数 printf()。

那么，如果希望向变量的存储单元中输入数据，该使用什么样的函数呢？

4.2.1　字符输入函数 getchar()

getchar()函数的作用和输出函数 putchar()恰恰相反，是从输入设备（如键盘）输入一个字符。一般形式如下：

```
getchar();
```

这输入的数据送往何处呢？即输入对象放在哪里呢？

在输入时，通常将输入的数据赋给一个字符变量或整型变量。

实例 4-10

```
char c;
c=getchar();
putchar(c);
```

第二行语句表示将输入的数据赋给字符变量 c，然后使用字符输出函数 putchar()将变量 c 输出。

如果从键盘输入字符'A'，则输出一个字符'A'；依此类推。

以上三行也可以简写为如下两行：

```
char c;
putchar(getchar());
```

注意：当使用到 getchar()和 putchar()时，别忘了在程序前加包含命令：#include <stdio.h>。

4.2.2　格式输入函数 scanf()

getchar()函数只能输入字符，且只能输入一个字符，scanf()函数可以按指定类型输入任意个数据。

1．scanf()函数的一般格式

```
scanf("格式控制",地址表列);
```

"格式控制"的含义同 printf()函数，用来控制输入数据的格式；"地址表列"是指输入的数据对象地址。总而言之，你得告诉计算机：你想输入什么类型格式的数据，你想向什么地方输入数据。

实例 4-11　scanf()函数使用举例。

编写一个计算三门课总分和平均分的成绩计算器，当从键盘输入任意三个成绩时，自动统计出总分和平均分。

程序如下：

```
main()
{
    float math,chinese,english;
    float sum,average;
    scanf("%f%f%f",&math,&chinese,&english);
    sum=math+chinese+english;
    average=sum/3;
    printf("sum=%.2f,average=%.2f",sum,average);
}
```

解析: 程序中第四行的"&"是地址运算符,&math 表示变量 math 在内存中的地址,&chinese 表示变量 chinese 在内存中的地址，&english 表示变量 english 在内存中的地址。

scanf("%f%f%f",&math,&chinese,&english);表示将从键盘输入的三个数送到三个变量 math，chinese，english 所对应的内存地址单元中。

假定现在要输入 85.5、98 和 87.3，该如何输入呢？

因为这里需要输入三个数字，每输完一个数字后，按回车键作为间隔。

所以这里应该这样输入：85.5↓98↓87.3

↓表示回车键的意思，作为数据输入结束的标志。

等你输完以后，三个变量中对应的数据如图 4-1 所示。

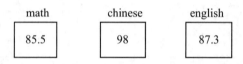

图 4-1 输入数据示例

如果把输入行改为：

```
scanf("%f,%f,%f",&math,&chinese,&english);
```

该如何输入呢？在输入时，格式符之间的逗号原样输入就可以了，因为有逗号作为间隔符，所以数和数之间就不需要回车键了，输入为：85.5,98,87.3↓。

如果把输入行改为：

```
scanf("math=%f,chinese=%f,English=%f",&math,&chinese,&english);
```

输入时，文字和标点符号都原样输入：

math=85.5,chinese=98,English=87.3↓

在输入时，空格、Tab 键都可以作为数据结束标志。

其他语句比较简单，在此不作详细解释了。

2. 关于 scanf 的几点注意事项

（1）scanf()函数的格式说明可以用%d、%f、%c、%ld、%s、%o、%x、%u、%e、%g，一般不加长度控制或精度控制，如 scanf("%5.2f",&a);是错的，因为在输入时不能指定精度。

（2）可以指定输入数据所占的列数，如：

```
scanf("%3d%4d",&a,&b);
```

%3d 表示截取前 3 位给 a，%4d 表示截取随后的 4 位给 b。

当输入 1234567 时，系统自动截取 123 赋给 a，4567 赋给 b。

（3）如果%后有*作为附加说明符，则用来表示它将跳过指定的列数，如：

```
scanf("%2d%*4d%3d",&a,&b);
```

当输入 123456789 时，截取前 2 位 12 赋给 a，%4d 表示跳过 4 列，将随后的 789 赋给 b。该方法可以用来跳过某些不需要的数据列。

（4）输入的数据类型应该和格式控制中规定的数据类型相匹配。

如果输入是这样的：

```
scanf("%d",&a);
```

表明输入的数据应该是整型，那么从键盘输入的应该是整数，而不该输入其他类型的数据。

（5）输入的对象前应该加地址符&，否则是错误的。如 scanf("%f",a)就是错的，应该表示为 scanf("%f",&a);，但当格式说明是%s 时，就不需要加地址符&，原因将在第 7 章细述。

4.3　输入输出函数使用举例

本节的两个例题都是针对如何使用输入输出函数而精心设计的，实用价值比较高。通过这两个例题的学习，你将对输入输出函数的使用有更进一步的认识。

你知道'd'的 ASCII 码是什么吗？你知道'X'的 ASCII 码是什么吗？

当然，不仅仅英文字符对应有 ASCII 码，一些符号或数字也有 ASCII 码，比如"*""#""？"等都对应有 ASCII 码。

记住这些枯燥无味的数字并不是件轻松有趣的事儿，不过你可能不可避免地会用到这些，下面来编写一个 ASCII 译码器，只要你输入任一字母或符号，该系统自动求出其所对应的 ASCII 码并输出。

实例 4-12　编写一个求 ASCII 码的程序，从键盘输入一个字符时，输出该字符及其 ASCII 码。如当输入 a 时，输出为：The ASCII of a is 97；当输入*时，输出为：The ASCII of * is 42。

解析：该程序是求字符的 ASCII 码，所以需要定义一个字符变量，用来存放所输入的字符，这里把字符变量的名字定义为 c（当然你也可以定义为其他名字）。

那么如何求 c 的 ASCII 码呢？你也许觉得有点难，其实简单极了，只需要将该字符以%d 形式输出即可，因为当将 c 以%d 格式输出时，输出的就是它所对应的 ASCII 码。

程序如下：

```
#include <stdio.h>
main()
{
    char c;
    printf("请输入一个字符:\n");        /*提示输入*/
    c=getchar();                        /*输入一个字符*/
    printf("字符%c 的 ASCII 代码是%d.\n",c,c);   /*输出*/
}
```

输入 X 时，输出为：X 的 ASCII 代码是 88。

输入#时，输出为：#的 ASCII 代码是 35。

现在回头看看实例 4-11 中编写的成绩计算器。如果上机调试就会发现，当这个程序运行时，没有任何的提示语句，使用者看着黑乎乎的界面上光标在闪动，不知道要输入什么数字。实例 4-13 是实例 4-11 的改进版，请观察有什么不一样的地方，这样改动有什么好处吗？

实例 4-13　实例 4-11 成绩计算器的改进版。

```
main()
{
    float math,chinese,english;
    float sum,average;
    printf("\n 输入数学成绩:");          /*输出提示语句*/
    scanf("%f",&math);
    printf("\n 输入语文成绩:");          /*输出提示语句*/
    scanf("%f",&chinese);
```

```
    printf("\n 输入英语成绩:");                        /*输出提示语句*/
    scanf("%f",&english);
    sum=math+chinese+english;
    average=sum/3;
    printf("\n 数学\t 语文\t 英语\t 总分\t 平均分\n");          /*输出标题行*/
    printf("%-8.1f%-8.1f%-8.1f%-8.1f%-8.1f",math,Chinese,English,sum,average);
}
```

程序运行时，如果输入 85.3，85，98，输出结果为：

数学	语文	英语	总分	平均分
85.3	85	98	268.3	89.4

这样使用起来就清晰多了，而且结果也非常清楚，标题行和下面的数字行相对应，一眼就看明白了。

在编写程序的时候，printf 语句不但可以以指定的格式输出数字，还可以输出一些提示的语句和清晰的程序界面，如上例中输入前的提示语句。

其实在编写程序时，如果没有这些语句，程序仍然是正确无误的，但是如果有了这些语句，程序使用起来更加明了、方便。在编写程序时，不但要自己明白，更要让使用的人用起来方便，看起来舒服、清楚，你编写程序是给别人用的，不仅仅是给自己看的，要从使用者的角度去考虑问题。

实训项目

实训1：程序修改

下面这个程序的功能是求出两个整数的平方和以及和的平方。请在程序中加入合适的提示语句。或者适当的修改程序，使程序有一个清晰的使用界面和输出结果。

```
main()
{
    int num1,num2,sum1,sum2;
    scanf("%d%d",&num1,&num2);
    sum1=num1*num1+num2*num2;
    sum2=(num1+num2)*(num1+num2);
    printf("%d%d",sum1,sum2);
}
```

实训2：温度转换器的编写

华氏温度是温度的一种表示方法，是荷兰人华伦海特提出的，它和摄氏温度之间的转换关系为：C=5/9*(F-32)。

其中，C 代表华氏温度，F 代表摄氏温度。

编写一个转换器，当输入摄氏温度时，输出华氏温度。

要求输入输出有适当的说明和提示文字，输出结果保留两位小数。

实战篇
——如何编写 C 程序

在基础篇中，详细介绍了 C 语言编程的一些必备基础知识，如常见的数据类型、变量的定义和使用、运算符及其使用、如何使用输入输出函数等。

但是，当面对一个具体的编程问题时，你是否会产生茫然而无从下手的感觉呢？

就像做菜一样，你也许熟悉一种蔬菜的营养价值，懂得刀法的应用，而且还了解辅料的使用，但是如果你不懂得烹饪方法，那就不可能做出一道好吃的菜来。

同样的道理，编程也要有合适的方法。算法就是编写程序的方法和步骤，不同的问题有不同的算法，同一个问题也有不同的算法，本部分将以如何编写程序为中心，以项目驱动为主线，教你如何来"烹制"出一个好程序。

本篇内容

第 5 章 程序的灵魂——算法简介

第 6 章 结构化程序设计

第 7 章 模块化程序设计

第 5 章 程序的灵魂——算法简介

本章重点：

● 理解算法的概念
● 掌握用流程图来表示算法

凡是做一件事情，都要先明确做什么，还要知道怎么做，计划好之后才能去做。

对于初学编程的人，面对一个编程问题时，很多人容易不假思索地着手开始写程序，如果是很简单的小程序，可能还容易一次编写成功，但如果是稍微复杂点儿的程序，则越急着写，错误越多也越发难改。

该如何编写程序呢？

面对一个编程问题时，得先想好这个问题中会涉及哪些数据，这些数据是什么类型，如何对这些数据进行处理，方法是什么，步骤是什么。想好这些之后再动手编写程序。

对于程序，有这样一个公式：

程序=数据结构+算法

其中，数据结构指的是数据的类型和数据的组织形式，也就是程序所处理的对象——数据，它的结构和类型；算法指的是解题的方法和解题的步骤。构思好数据结构和算法后，用程序设计语言把算法表达出来就是程序了。

关于数据类型的概念，第 2 章已做了详细介绍。本章讲解的是算法的概念及其表示。

5.1 算法的概念和使用举例

算法，就是指解决问题的方法和步骤。

做每一件事情都要按照一定的步骤和方法去执行。

对于不同的问题，有不同的方法和步骤。

面对一个编程问题时，采取的算法是需要能够用计算机语言来实现的，并能够被计算机理解和执行，是计算机的算法。

实例 5-1 将整型变量 a 和 b 中的数值进行交换。

假如 a 中的值为 5，b 中的值为 11，交换后 a 中的值为 11，b 中的值为 5，如图 5-1 所示。

图 5-1 数据交换示意图

解析：该题中涉及两个整型变量，名字分别为 a 和 b。现在需要处理的问题是，对这两个变量中的数值进行交换。

这里需要先设立一个中间变量作为交换中转站，设名字为 t，t 的类型需要和 a、b 的类型一致。先将 a 中的数值赋给 t，然后将 b 中的数值赋给 a，最后将 t 中的数值赋给 b，从而实现了交换的目的。

用文字描述的算法如下：

S1：定义整型变量 a、b、t；

S2：输入 a 和 b；

S3：t=a；

S4：a=b；

S5：b=t；

S6：输出 a 和 b。

你瞧，交换的目的实现了吧！

S1 表示步骤 1，S2 表示步骤 2，S3 表示步骤 3，S4 表示步骤 4，……。

想一想：为什么不能像这样直接交换：a=b;b=a;？

实例 5-2　将从键盘输入的三个整数，按照从大到小的顺序输出来。

假定输入：65　　78　　23

输出为：78　　65　　23

解析：将这三个整数分别用变量名 a、b、c 表示，先找出最大的数，把它换到第一个位置：如果 b>a，将 b 和 a 中的数值进行交换；然后再比较 c 和 a，如果 c>a，将 c 和 a 中的数值进行交换。经过这轮比较之后，a 的值就是三个数中最大的了。然后比较 b 和 c，如果 c>b，将 c 和 b 中的数值进行交换。

因为题中涉及到两个变量交换数据，参照例 5-1，需要设一个类型为整型的中间变量 t。

算法如下：

S1：定义整型变量 a、b、c、t；

S2：输入 a、b、c 的值；

S3：如果 b>a，{t=b;b=a;a=t;}；

S4：如果 c>a，{t=c;c=a;a=t;}；

S5：如果 c>b，{t=c;c=b;b=t;}；

S6：输出 a、b、c。

输出的三个整数就是从大到小的顺序了。

实例 5-3　累加器的编写：编写一个程序，求 1+2+3+4+5+…+100。

解析：先用最烦琐最原始的方法来求：

S1：先求 1+2 的结果，得 3

S2：将 S1 得到的结果加上 3，得 6

S3：将 S2 中得到的结果再加上 4，得 10

S4：将 S3 中得到的结果再加上 5，得 15

……

依此类推，得重复书写 99 个步骤，相加后才能得到结果。非常烦琐！

下面讲一种比较简单的方法：

在上面的方法中，每个步骤都是用前一个步骤中得到的和加上一个加数，这个加数从 2、3、4、5，直到 100。可以看出，每次相加完后，这个加数增 1。

现定义一个变量 sum 表示每次相加得到的和，用变量 i 表示这个加数。sum 的初始值为 1，i 的初始值为 2。

详细算法如下：

S1：定义整型变量 i、sum;

S2：sum=1;

S3：i=2;

S4：sum=sum+i; i=i+1;

S5：如果 i 的值小于等于 100，则返回 S4 继续执行；否则，跳到 S6

S6：输出 sum

sum 的值就是得到的 1+2+3+4+5+…+100 的和。

在上面的算法中，步骤 S4、S5 需要多次重复执行，构成了一个循环，直到 i 的值大于 100 时，循环就结束了。

同一个编程问题，会有很多种算法，也就是解决问题的方法。衡量算法好坏的因素主要有两个：

（1）执行算法所要占用的计算机资源，即运行该算法所耗费的时间和执行该算法所需占用的空间。需要耗费很长时间的算法不是好的算法；需要占用大量存储空间的算法也不是好的算法。

（2）算法是否容易理解、调试和测试。算法越简单、越容易理解越好。

厨师做出的菜要好看、好闻、好吃，即色香味俱全，同时也要考虑菜的成本；编程人员设计算法时要考虑到根据这种算法编写出的程序既要完成相应的功能、占用的资源尽可能少，还要容易理解、测试和调试。

算法主要有以下几个特点：

（1）有穷性。算法最终是需要用语言来编写完成并用计算机调试运行的，所以其应该在有限的步骤内完成。

（2）确定性。由于算法最终是要被计算机执行的，那么它的每一个步骤都应该是明确而可执行的，而不能是模棱两可或有歧义的。

（3）无输入或多个输入。算法可以有输入，也可以没有输入。有的时候，通过赋值语句就可以把初始值赋给所需的变量了；而有的程序根本不需要有输入。

（4）算法必须有输出。算法的目的就是求出结果，如果不将结果输出，那么算法就失去意义了。

（5）有效性。算法中所描述的每一步都应该是有效的，而不能是错误而无法执行的。比如除数不能为 0。

当面对一个程序问题时，首先设计最佳的算法，然后按照算法编写程序。

5.2　算法的流程图表示

5.1 节例题中所讲的算法都是用自然语言来描述的，除此之外，还可以用流程图来表示算法，流程图表示算法，直观形象，易于理解。流程图有传统流程图和 N-S 流程图之分。

5.2.1　传统流程图

在流程图中，特定的图框代表特定的含义，图 5-2 列出了一些常用图框符号表示的含义。

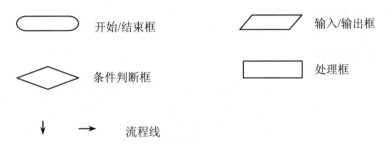

图 5-2　流程图框符号

图 5-3 是实例 5-2 的传统流程图表示；图 5-4 是实例 5-3 的传统流程图表示。

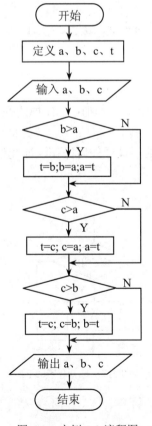

图 5-3　实例 5-2 流程图

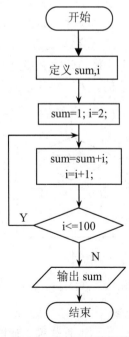

图 5-4　实例 5-3 流程图

流程图中 Y 表示 yes，N 表示 no。

流程图虽然直观且容易理解，但是如果画图者不遵循一定的规则，图中有太多的流程线转来转去，阅读者则需要花大量精力去追踪流程线的流向，理解的难度就加大了。

就像看报纸，如果一张报纸的版面上很多报道后都是"转第 12 版""转第 15 版""转第 21 版"，转来转去，既不方便读者阅读，也显得报纸不够专业。

基于这样的情况，画流程图就必须遵循一定的规则，不能使流程线随意转向。C 语言中有三种最基本的流程结构：顺序、选择、循环。这三种基本结构是表示一个算法的基本单元，每个流程图都可以由这三个基本单元按一定规律组合而成。使用这样的结构表示的流程图就容易理解，从而提高了编程的效率和质量。

1. 顺序结构

顺序结构如图 5-5 所示。

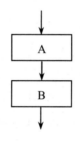

图 5-5　顺序结构

顺序结构是一种最简单的结构，在这种结构内，操作是按照顺序依次执行的。执行完 A 框内的操作后，就执行 B 框的操作。

2. 选择结构

选择结构，又称分支结构，如图 5-6 所示。

P 是一个给定的条件，如果 P 成立，则执行 A 框的操作，否则执行 B 框的操作。A 和 B 只能执行其一，执行完 A 或 B 之后，执行该结构下面的操作。

图 5-7 表示的是当条件 P 成立时，执行 A 操作，否则不执行任何操作，即允许 A 或 B 中的某个操作是空的。

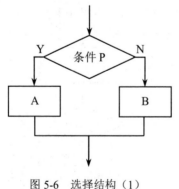

图 5-6　选择结构（1）

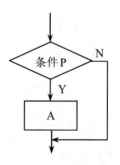

图 5-7　选择结构（2）

3. 循环结构

循环结构，又称重复结构，如图 5-8 所示。

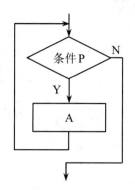

图 5-8　循环结构

当条件 P 成立时，执行操作框 A 内的操作，执行完 A 后，再次判断条件 P 是否成立，如果成立，继续执行 A 操作，执行完 A 后，再次判断……，如此循环，直至某一次条件 P 不成立，不再执行 A 操作，跳出这个循环结构，转而执行下面的操作。

由基本结构所构成的算法称为"结构化算法"，由基本结构编写的程序称为"结构化程序设计"。第 6 章将对结构化程序设计进行详细介绍。

以上所介绍的是传统的流程图表示方法。相对于传统的流程图表示，还有另外一种流程图表示方法——N-S 流程图。

5.2.2　N–S 流程图

1973 年美国学者 I.Nassi 和 B.Shneiderman 提出了一种新的流程图方式，这种方式把算法全部写在一个矩形框内，省掉了带箭头的流程线。这种表示方法称为 N-S 流程图。

1．顺序结构的 N-S 流程图

顺序结构的 N-S 流程图表示如图 5-9 所示。

2．选择结构的 N-S 流程图

选择结构的 N-S 流程图表示如图 5-10 所示。表示条件 P 成立，则执行 A 操作，不成立则执行 B 操作。

图 5-9　顺序结构 N-S 流程图

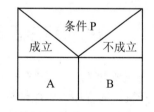

图 5-10　选择结构 N-S 流程图

3．循环结构的 N-S 流程图

循环结构的 N-S 流程图表示如图 5-11 所示。

表示当条件 P 成立时，就反复执行 A 操作，直到条件 P 不成立。

由于 N-S 流程图就像一个个盒子叠加组成，故又称为盒图。

图 5-12 是实例 5-2 的 N-S 流程图，图 5-13 是实例 5-3 的 N-S 流程图。

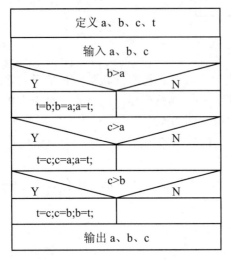

图 5-11　循环结构 N-S 流程图

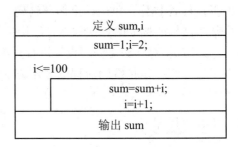

图 5-12　实例 5-2 的 N-S 流程图

图 5-13　实例 5-3 的 N-S 流程图

和传统流程图相比，N-S 流程图少了流程线，结构紧凑，占的篇幅较小，而且它也是由三种基本结构组合而成，所以被越来越多的人所使用。

结构化程序设计思想和模块化程序设计思想

在程序发展的早期，人们编写程序往往是按照自家的思路进行的，由于各人有各人的思想，一个人开发出的程序，往往带有很强烈的个人色彩，别人就难以理解。而开发出的程序是需要后期维护的，维护不可能都是由开发者自己去完成，如果由别人来维护程序，至少应该读得懂程序。这种自由化的编程方式就给软件维护者的理解带来了困难。在这种情况下，结构化程序设计、模块化程序设计思想应运而生。

1. 结构化程序设计

结构化程序设计有三种最基本的结构：顺序结构、选择结构和循环结构。

结构化程序设计提倡利用三种基本结构进行规范化程序设计，使程序具有良好的结构框架。按照人的思维方式将任务拆解成顺序、选择和循环三种基本结构，再将它们进行易于理解的组合，设计出由这三种结构组成的算法，然后动手进行程序设计。无论程序设计的观念发生怎样的变化，但程序的基本结构仍然是顺序、选择和循环三种。

结构化程序设计的基本思想是采用"自顶向下，逐步求精"的程序设计方法和"单入口单出口"的控制结构。

"自顶向下、逐步求精"的程序设计方法从问题本身开始，经过逐步细化，将解决问题的步骤分解为由三种基本程序结构模块组成的结构化程序框图；"单入口单出口"的思想认为一个复杂的程序，如果它仅是由顺序、选择和循环三种基本程序结构通过组合、嵌套构成，那么这个新构造的程序一定是一个单入口单出口的程序。据此就很容易编写出结构良好、易于调试的程序来。

2. 模块化程序设计

在进行程序设计时，有可能遇到一个很大的程序，包含很多的功能，这类程序的编写就会比较困难。这时，可以把一个大的程序按照功能划分为若干小的程序，每个小的程序完成一个特定的功能，在这些小的程序之间建立必要的联系，互相协作完成整个程序要完成的功能。我们称这些小的程序为程序的模块，这种程序设计方法为模块化程序设计。

模块化程序设计适合项目的集体开发，各个模块分别由不同的程序员编制，只要明确模块之间的接口方式，模块内部细节的具体实现可以由程序员自己随意设计，而模块之间不受影响，最终把各人设计的模块集成起来就构成一个功能完整的大程序了。

本篇的第 6 章主要讲解"结构化程序设计方法"的三种基本结构；第 7 章主要讲解"模块化程序设计方法"。

实训项目

分别用传统流程图和 N-S 流程图表示下面题目的算法。

1．奇偶数识别：要求从键盘输入一个整数，判别其是奇数还是偶数，如果是奇数，输出"It is an odd number!"；如果是偶数，输出"It is an even number!"。

2．输出 1～1000 之间所有能够被 7 整除的数。

第 6 章　结构化程序设计

本章重点:

● 掌握顺序结构程序设计
● 掌握选择结构程序设计: if 语句的三种形式、switch 语句的使用以及条件运算符的使用
● 掌握循环结构程序设计: while 结构、do-while 结构、for 结构的使用

结构化程序设计有三种结构: 顺序结构、选择结构、循环结构。

每个程序基本上都是由这三种基本结构中的一种或某几种组合而成。本章以大量的实例来讲解这三种基本结构的使用。围绕一个个具体实用的典型例题, 循序渐进、由浅入深, 依次讲解顺序、选择、循环三种结构。

6.1　顺序结构程序设计

顺序结构是按操作执行的先后顺序来编写程序的。

实例 6-1　体重指数=体重/身高的平方, 要求输入体重 (千克) 和身高 (米), 计算体重指数, 结果保留 2 位小数。图 6-1 为该实例的示意图。

图 6-1　"羊"之对话 1

解析:

本任务中共涉及三个变量: 体重指数、体重和身高, 三个变量应都为实型变量。本例中分别用 BMI 表示体重指数, Weight 表示体重, Height 表示身高。

算法:

S1: 定义变量 BMI, Weight, Height;

S2: 输入体重 Weight 和身高 Height;

S3: 计算体重指数: BMI=Weight/(Height*Height);

S4: 输出体重指数 BMI。

程序代码：

根据算法，编写程序如下：

```
main( )
{   float BMI,Weight,Height;            /*定义变量*/
    scanf("%f",&Weight);               /*输入体重*/
    scanf("%f",&Height);               /*输入身高*/
    BMI=Weight/(Height*Height);        /*计算体重指数*/
    printf("%.2f",BMI);                /*输出体重指数，保留两位小数*/
}
```

在编写程序的时候，如果能增加一些提示语句，有一个友好的使用界面，更便于用户操作，是不是更会受用户欢迎呢？

改进后的程序代码：

```
main()
{   float BMI,Weight,Height;
    printf("\n 请输入您的体重（千克）: ");   /*输入体重提示语句*/
    scanf("%f",&Weight);
    printf("\n 请输入您的身高（米）: ");    /*输入身高提示语句*/
    scanf("%f",&Height);
    BMI=Weight/(Height*Height);
    printf("\n 您的体重指数是: ");          /*输出提示语句*/
    printf("%.2f",BMI);
}
```

编写程序的时候，一定要从用户角度出发考虑问题，对于用户来说，人性化的界面是一个程序好用的基础。

6.2　选择结构程序设计

在 6.1 中，我们编写程序实现了体重指数 BMI 的计算，那么计算 BMI 有什么作用呢？

体重指数 BMI 是目前国际上常用的衡量人体胖瘦程度以及是否健康的一个标准，是世界公认的一种评定肥胖程度的分级方法。

实例 6-2　对实例 6-1 的程序进行改进，要求当输入用户的体重和身高后，能够计算出体重指数，对体重指数进行判断，并给出提示。图 6-2 为实例 6-2 的示意图。

图 6-2　"羊"之对话 2

体重指数 BMI 的判断标准如表 6-1 所示：

表 6-1　BMI 判断标准

指数范围	提示
BMI<19	偏瘦，您需要加强营养
19<=BMI<24	正常，请继续保持
24<=BMI<29	偏胖，你需要加强锻炼，控制饮食
29<=BMI<34	太胖，您需要立即减肥啦
BMI>=34	非常肥胖，减肥已是您的头等大事了

解析：

实例 6-2 中所涉及的变量仍然是体重、身高和体重指数 BMI 三个变量，所以和实例 6-1 比较，变量无变化。

在题目中，需要对 BMI 值进行如下判断：

如果 BMI<19，输出提示"偏瘦，您需要加强营养"；

如果 19<=BMI<24，输出提示"正常，请继续保持"；

如果 24<=BMI<29，输出提示"偏胖，你需要加强锻炼，控制饮食"；

如果 29<=BMI<34，输出提示"太胖，您需要立即减肥啦"；

如果 BMI>=34，输出提示"非常肥胖，减肥已是您的头等大事了"。

在程序中，我们该如何表示"如果……否则"这样的条件判断呢？

这种根据条件的成立与否来选择执行某种操作的结构称为"**选择结构**"，采用"**选择结构**"编写程序的方法称为"**选择结构程序设计**"。

C 语言中有两种语句可以实现条件选择结构，一种是 if 语句，另一种是 switch 语句。

6.2.1　if 语句

if 语句有四种形式：

1. 第 1 种形式

if(表达式)　语句

这种语句的执行过程如图 6-3 所示：当表达式成立时，执行 if 后的语句；如果表达式不成立，则跳过该语句。

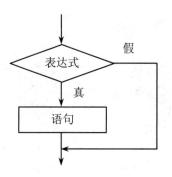

图 6-3　if 语句形式 1

如当 BMI<19，输出提示"偏瘦，您需要加强营养"，可以用 if 语句表示如下：

```
if(BMI<19)   printf("偏瘦，您需要加强营养");
```

因此，实例 6-2 的程序代码如下：

```
main( )
{ float BMI,Weight,Height;
    printf("\n 请输入您的体重（千克）: ");
    scanf("%f",&Weight);
    printf("\n 请输入您的身高（米）: ");
    scanf("%f",&Height);
    BMI=Weight/(Height*Height);
    printf("\n 您的体重指数是: ");
    printf("%.2f",BMI);
    if(BMI<19) printf("偏瘦，您需要加强营养");
    if(BMI<24&&BMI>=19) printf("正常，请继续保持");
    if(BMI<29&&BMI>=24) printf("偏胖，你需要加强锻炼，控制饮食");
    if(BMI<34&&BMI>=29) printf("太胖，您需要立即减肥啦");
    if(BMI>=34) printf("非常肥胖，减肥已是您的头等大事了。");
}
```

2. 第 2 种形式

if(表达式) 语句 1
 else 语句 2

这种形式的执行过程如图 6-4 所示。

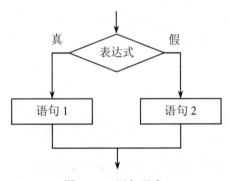

图 6-4   if 语句形式 2

先判断表达式是否为真（非 0），如果为真，则执行语句 1，否则执行语句 2。

这种形式主要适合于"非此即彼"的条件选择，如果条件成立则执行某个语句，否则执行另一个语句。

在实例 6-2 中，有多个条件判断，不适用于该语句。

假设 BMI 的判断只有两种情况：

如果 BMI>=24，输出"比较胖，需要减肥"；

否则输出"你的体重标准，继续保持"。

则可以用 if 语句的第二种形式实现如下：

```
if(BMI>=24) printf("比较胖，需要减肥");
 else printf("你的体重标准，继续保持");
```

有一个运算符，可以用来实现 if…else 语句。这个运算符称为**条件运算符**。

条件运算符的运算符号：

?:

条件运算符的优先级：条件运算符的优先级仅仅比赋值运算符和逗号运算符高，比其他运算符都低。

条件运算符的结合方向：自左向右。

条件表达式的一般形式：表达式 1？表达式 2：表达式 3

条件运算符需要 3 个运算对象，所以是一个 3 目运算符。

条件表达式的运算过程：先计算表达式 1，若表达式 1 的值为非 0（真），再计算表达式 2，将表达式 2 的值作为整个条件表达式的结果，不再计算表达式 3；若表达式 1 的值为 0（假），则计算表达式 3，将表达式 3 的值作为整个条件表达式的结果，不计算表达式 2。

实例 6-3　分析如下程序段的结果。

```
int a,b,m;
a=5;b=10;
m=a>b?a:b;
```

请问 m 的值是多少？

解析：执行过程是：如果 a>b 成立，则取 a 的值赋给 m；否则取 b 的值赋给 m。因为 a=5，b=10，a>b 不成立，所以取 b 的值赋给 m，m=10。

该条件表达式相当于：if(a>b)　m=a;

　　　　　　　　　　　　else m=b;

实例 6-4　输入一个整数，求该整数的绝对值。

解析：小学的时候，我们学过关于绝对值的计算：如果一个数是正数，则该数的绝对值就是该数字本身；如果一个数是负数，则该数的绝对值是它的相反数。

算法可以描述如下：

算法：

S1：定义整型变量 number 表示输入的整数，整型变量 abs 表示绝对值；

S2：输入 number；

S3：如果 number>=0，abs=number，否则 abs=-number；

S4：输出 abs；

程序代码：

```
main( )
{  int number,abs;
   printf("\n 请输入一个整数：");
   scanf("%d",&number);
   if(number>=0) abs=number;
   else abs=-number;
   printf("\n%d 的绝对值是%d",number,abs);
}
```

如果用条件运算符实现，程序代码如下：

```
main( )
{  int number,abs;
   printf("\n 请输入一个整数：");
```

```
scanf("%d",&number);
abs=number>=0?number:-number;
printf("\n%d 的绝对值是%d",number,abs);
}
```

3. 第 3 种形式

if(表达式 1) 语句 1
　　else if(表达式 2) 语句 2
　　　　else if(表达式 3)语句 3
　　　　　　else 语句 4

这种形式的执行过程如图 6-5:

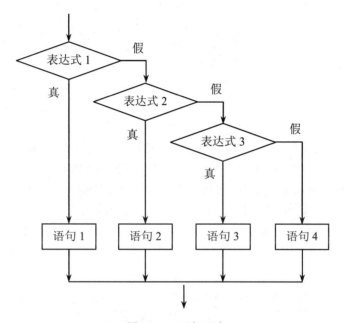

图 6-5　if 语句形式 3

　　如果表达式 1 为真值（非 0），则执行语句 1；否则（为 0），判断表达式 2 的值，如果表达式 2 为真值（非 0），则执行语句 2；否则，判断表达式 3 的值，如果表达式 3 为真，则执行语句 3；否则，执行语句 4。

　　图 6-5 中实现的是三种条件的判断，并根据条件成立与否执行相对应的操作，以此类推。这种结构也可以实现任意多个条件的判断。

　　实例 6-2 就是多个条件判断，因此可以用 if 语句的第 3 种形式来实现，代码如下:

```
main()
{ float BMI,Weight,Height;
    printf("\n 请输入您的体重（千克）: ");
    scanf("%f",&Weight);
    printf("\n 请输入您的身高（米）: ");
    scanf("%f",&Height);
    BMI=Weight/(Height*Height);
    printf("\n 您的体重指数是: ");
    printf("%.2f",BMI);
```

```
    if(BMI<19) printf("偏瘦，您需要加强营养");
    else if(BMI<24) printf("正常，请继续保持");
        else if(BMI<29) printf("偏胖，你需要加强锻炼，控制饮食");
            else if(BMI<34) printf("太胖，您需要立即减肥啦");
                else printf("非常肥胖，减肥已是您的头等大事了。");
}
```

上述代码中，if(BMI<19) printf("偏瘦，您需要加强营养");
　　　　　　　else if(BMI<24) printf("正常，请继续保持");

其中的 else 表示"否则"，也就是和 if 相反的条件，也就是 BMI 大于等于 19，所以 else if(BMI<24)表示的条件是 BMI 大于等于 19 并且小于 24 的意思。

4. 第 4 种形式
if(表达式 1)
　　if(表达式 2) 语句 1
　　else 语句 2
else
　　if(表达式 3)语句 3
　　else 语句 4

这是 if 语句的嵌套形式，指的是在 if 语句中还包含一个或多个 if 语句。执行过程是：如果表达式 1 的值为真，再判断表达式 2 的值，如果表达式 2 的值为真，则执行语句 1，如果表达式 2 的值为假，执行语句 2；如果表达式 1 的值为假，再判断表达式 3 的值，如果表达式 3 的值为真，执行语句 3，如果表达式 3 的值为假，执行语句 4。

流程图如图 6-6 所示。

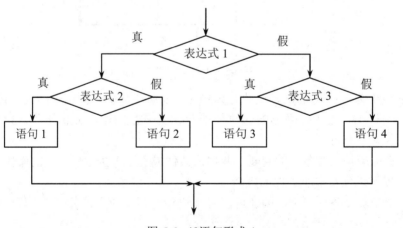

图 6-6　if 语句形式 4

那实例 6-2 是否可以用 if 语句的第 4 种形式来实现呢？代码如下：

```
main()
{   float BMI,Weight,Height;
    printf("\n 请输入您的体重（千克）: ");
    scanf("%f",&Weight);
    printf("\n 请输入您的身高（米）: ");
    scanf("%f",&Height);
```

```
        BMI=Weight/(Height*Height);
        printf("\n 您的体重指数是：");
        printf("%.2f",BMI);
        if(BMI>=29)
        if(BMI<34) printf("太胖，您需要立即减肥啦");
        else printf("非常肥胖，减肥已是您的头等大事了。");
            else if(BMI>=24) printf("偏胖，你需要加强锻炼，控制饮食");
                else if(BMI>=19) printf("正常，请继续保持");
                    else printf("偏瘦，您需要加强营养");
    }
```

If 语句小结：

在使用 if 语句的时候，需要注意以下两个问题：

（1）if 后面的"表达式"一般为逻辑表达式或关系表达式。先对表达式求解，如果表达式的值为非 0，按真值处理，表示条件成立，执行后面的执行语句。有的时候 if 后的表达式可能是一个常数，如果不是零，也当真值处理。

（2）if 后的执行语句后应该有分号。当条件成立时，如果需要执行的语句不止一个，有几个语句，则应该用{ }将多个语句括起来形成复合语句。

如：if(a>b) {t=a;a=b;b=t;}

括号内就是由三个语句构成的复合语句。

（3）if 和 else 多数是成对出现的，else 总是和距其最近的而且尚未配对的 if 相配对。

（4）尽量少用 if 语句的第 4 种形式，也就是 if 语句的嵌套。

关于 if 语句的具体使用实例，扫码看微课。

6.2.2　switch 语句

switch 语句又称多分支选择结构，主要适用于条件非常多的情况下。switch 语句的一般使用形式如下：

switch(表达式)

{　case　常量表达式：语句 1　break;

　　case　常量表达式：语句 2　break;

　　……

　　case　常量表达式：语句 n　break;

　　default: 语句　n+1;

}

switch 后面的小括弧内是一个表达式,这个表达式可以是一个变量，也可以是变量组成的表达式。

语句执行的时候，当发现某个 case 后面的值和 switch 后小括弧内的表达式的值相等时，就执行该 case 后面的语句。如果所有 case 后的值都和 switch 后小括弧内的表达式的值不相等，则执行 default 后的语句。

实例 6-5　当输入 3 的时候，判断以下程序的输出结果。

```
main( )
{   int grade;
    scanf("%d",&grade);
```

```
switch(grade)
{   case 1: printf("优秀\n"); break;
    case 2: printf("良好\n"); break;
    case 3: printf("中等\n"); break;
    case 4: printf("及格\n"); break;
    case 5: printf("不及格\n"); break;
    default: printf("输入有误！");
}
}
```

解析：输入 3，则变量 grade 接收到的数值是 3，符合 case 3 的条件，所以执行 case 3 后的语句，输出"中等"。

在 switch 结构中，break 的作用是跳出 switch 结构。

实例 6-6　如果把上面程序中的 break 全部去掉，如下所示，当输入 3 时，结果是什么呢？

```
main( )
{   int grade;
    scanf("%d",&grade);
    switch(grade)
    {   case 1: printf("优秀\n");
        case 2: printf("良好\n");
        case 3: printf("中等\n");
        case 4: printf("及格\n");
        case 5: printf("不及格\n");
        default: printf("输入有误！");
    }
}
```

结果输出：中等
　　　　　　及格
　　　　　不及格
　　　　　输入有误

聪明的你，知道 break 有什么作用了吧！

当找到某个符合条件的 case 语句后，执行其后的语句，然后用 break 跳出 switch 结构。如果没有 break 语句，则执行完符合条件的某个 case 语句后，依次执行其后的所有 case 语句和 default 后的语句。

实例 6-7　当输入 3 的时候，下面这个程序的输出结果是什么？

```
main( )
{   int grade;
    scanf("%d",&grade);
    switch(grade)
    {   case 1: printf("优秀\n"); break;
        case 2: printf("良好\n"); break;
        case 3:
        case 4: printf("及格\n"); break;
        case 5: printf("不及格\n"); break;
        default:printf("输入有误！");
    }
}
```

解析：case 3 后面没有语句，那么当符合第三个 case 后的条件时应该执行哪个语句呢？如果某个 case 后没有语句且符合这个条件的话，执行的是下一个 case 后的语句。所以，当输入 3 的时候，输出的是：及格。

switch 小结：

在使用 switch 结构时，需要注意以下几个问题：

（1）case 和 default 的出现先后次序不影响执行结果。

（2）如果某几个 case 后执行的语句相同，则可以省略，只写最后一个 case 后的语句。

（3）break 的作用是终止 switch 语句的执行，根据需要选择是否使用 break。

（4）switch 后面的表达式必须是整型或字符型，每个 case 后的常量表达式中的常量必须是相应的整数或字符，且各常量值不能相同。

（5）最后一行的 default 表示如果上述所有条件都不成立，则执行此条语句，可以省略。

思考题：输入成绩等级，给出相应的判断，当输入 A 时，输出"90-100"；输入 B 时，输出 80-89；输入 C 时，输出"70-79"；输入 D 时，输出"60-69"；输入 E 时，输出"0-59"；输入其他字母，输出"有误，请重新输入"。

6.3   循环结构程序设计

第 4 章曾学过一个统计学生成绩的计算器，程序如下：

```
main()
{
    float e_score, p_score, score;
    printf("请输入学生的考试成绩和平时成绩:\n");
    scanf("%f%f",&e_score,&p_score);
    score=e_score*0.7+p_score*0.3;
    printf("总评成绩:%f\n",score);
}
```

当该程序运行时，输入考试成绩 e_score 和平时成绩 p_score，能够根据所占比例计算出某位学生的总评成绩。

但是该程序有一个缺憾：每次运行时执行一次后便退出了。假如有两个人的成绩需要计算，需要执行两次运算，那该怎么办呢？

有一种方法是把程序的计算部分写两遍，如下：

```
main()
{
    float e_score, p_score, score;
    printf("请输入学生的考试成绩和平时成绩:\n");
    scanf("%f%f",&e_score,&p_score);
    score=e_score*0.7+p_score*0.3;
    printf("总评成绩:%f\n",score);
    printf("请输入学生的考试成绩和平时成绩:\n");
    scanf("%f%f",&e_score,&p_score);
    score=e_score*0.7+p_score*0.3;
    printf("总评成绩:%f\n",score);
}
```

实例 6-8   修改上述成绩计算器程序，使之能够执行 50 次。

本节所学的循环结构将帮助你解决这种需要重复操作的问题。

所谓循环，就是对一段程序重复执行多次。

在实际编程过程中，循环是经常被使用的，所以掌握循环结构是学习 C 语言编程的最基本要求。

上述成绩计算器程序中，需要重复执行的是如下程序段：

```
printf("请输入学生的考试成绩和平时成绩:\n");
scanf("%f%f",&e_score,&p_score);
score=e_score*0.7+p_score*0.3;
printf("总评成绩:%f\n",score);
```

这种在程序运行过程中被多次执行的语句称为**循环体语句**。

如果需要该段程序重复运行 50 次，则需要定义一个整型变量用来控制循环的次数，假设定义一个整型变量 i 用来控制循环次数。i 称为**循环控制变量**。在循环还没有开始执行之前，i 的初始值为 0，语句 "i=0;" 称为**循环控制变量赋初值**。循环每执行一次，i 的值便增 1，语句为 "i=i+1;" 该语句也属于循环体语句。当 i<50 时，循环便执行；当 i>=50 时，循环便终止。所以语句 "i<50" 是**循环条件**。

循环有三种最基本的结构：while 语句、do-while 语句、for 语句。

6.3.1   while 语句

while 在英文中的意思是"当……的时候"。所以 while 语句又称为"当型循环"。

while 语句的一般使用形式如下：

```
while(循环条件表达式)
{
    循环体语句;
}
```

while 后括号中的循环条件表达式指的是循环能够重复执行的条件，当条件满足时，就重复执行循环体语句；如果条件不满足，则跳出该循环体。执行过程如图 6-7 所示。

它是这样执行的：先判断循环条件表达式是否成立，如果成立，就执行循环体语句，执行完循环体语句后，再次判断循环条件表达式是否成立，如果成立，再次执行循环体语句，依此类推，直到当循环条件表达式的值是假时，则退出循环结构，执行循环结构下面的语句。

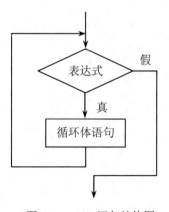

图 6-7   while 语句结构图

实例 6-8 对应的程序如下：

```
main()
{
    float e_score, p_score, score;
    int i;
    i=0;                                    /*循环控制变量赋初始值*/
    while(i<50)                             /*循环条件*/
    {
        printf("请输入学生的考试成绩和平时成绩:\n");
        scanf("%f%f",&e_score,&p_score);
        score=e_score*0.7+p_score*0.3;
        printf("总评成绩:%f:\n",score);
        i=i+1;                              /*循环控制变量递增*/
    }
}
```

在本例中，循环体部分用大括号{}括了起来，表示这是一个整体。如果不加括号，则本例重复执行的部分将是循环体中的第一个语句，程序就和期望的结果不一样了。

想一想：假如有人忘了加语句 i=i+1;，你知道后果是什么吗？

6.3.2　do-while 语句

do-while 语句也可以用来实现循环。

while 语句每次先判断条件，再决定是否执行循环体语句；而 do-while 是先执行循环体语句，然后判断条件是否成立，直到条件不成立就停止执行循环体。

do-while 语句的一般形式如下：

```
do
{
    循环体语句
}while(表达式);
```

它的执行过程如图 6-8 所示。

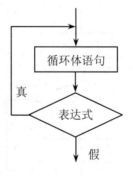

图 6-8　do-while 语句结构图

它是这样执行的：先执行循环体语句，然后判断表达式是否为真（非 0），如果为真，则继续执行循环体语句；如果表达式的值为假（0），则退出循环。

上述成绩计算器的程序用 do-while 语句改写如下：

```
main()
{
    float e_score, p_score, score;
    int i;
    i=0;                              /*循环条件初始值*/
    do
    {
        printf("请输入学生的考试成绩和平时成绩:\n");
        scanf("%f%f",&e_score,&p_score);
        score=e_score*0.7+p_score*0.3;
        printf("总评成绩:%f\n",score);
        i=i+1;
    } while(i<50);                    /*循环继续执行的条件*/
}
```

注意：这里的 do 和 while 是配对的关键字，两者必须同时出现，而且最后的 while（表达式）后有分号。

一般情况下，对于同一个问题，既可以用 while 语句实现，也可以用 do-while 语句实现，如果循环初始条件、循环体、循环终止条件都是一样的，则执行结果也是一样的。它们有一个本质的区别就是：一个是先判断后执行，一个是先执行后判断。如果一开始条件就是假的，则 while 语句一次都不执行，而 do-while 语句会执行一次。

在上述例子中，把 i 的初始化赋值改为：i=51，则对于 while 结构，一次都不执行，没有输出结果；而对于 do-while 结构，由于一开始就执行了，所以会执行一次，然后发现条件不成立，终止循环。

6.3.3 for 语句

for 语句是三种循环结构中使用最多的一种。

for 语句的一般形式如下：

```
for(表达式 1;表达式 2;表达式 3)
    循环体语句
```

它的执行过程如图 6-9 所示。

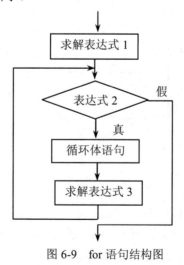

图 6-9 for 语句结构图

它是这样执行的：

（1）先求解表达式 1，表达式 1 通常是给循环变量赋初值的语句。

（2）求解表达式 2，表达式 2 是循环能否继续的条件。如果表达式 2 的值为真（非 0），则执行循环体语句，执行完转到步骤（3）；否则跳出 for 结构，循环结束。

（3）求解表达式 3，表达式 3 通常是使循环变量变化的语句。

（4）转回步骤（2），继续判断并决定循环是否继续。

for 语句最常用的形式可以理解如下：

```
for(循环变量赋初值;循环条件;循环变量变化)
```

上述的成绩计算器可以用 for 语句表示如下：

```
main()
{
    float e_score, p_score, score;
    int i;
    for(i=0;i<50;i=i+1)
    {
        printf("请输入学生的考试成绩和平时成绩:\n");
        scanf("%f%f",&e_score,&p_score);
        score=e_score*0.7+p_score*0.3;
        printf("总评成绩:%f\n",score);
    }
}
```

虽然 for 结构不像 while 和 do-while 那样直观且容易理解，但是 for 语句的使用使程序看起来简短方便，所以在编程中应用得非常广泛。

为了加深理解，在此对 for 语句做一些比较详细的解释。

（1）for 语句的表达式 1 可以省略。但是如果在 for 语句中省略的话，则应该将表达式 1 放在 for 语句之前。如上例中，for 部分可以改写如下：

```
i=0;
for(;i<50;i++)
循环体语句
```

你是否注意到了，虽然表达式 1 省略了，但是分号不能省。

（2）表达式 2 也可以省略。表达式 2 通常是用来判断循环是否继续的条件。省略的后果是什么呢？

失去了循环终止条件后，循环将无休止地执行下去了。如果想省略表达式 2，但又不希望变成死循环的话，可以在循环体中加上控制语句，用来控制循环的执行。

```
for(i=0;;i=i+1)
{
    printf("请输入学生的考试成绩和平时成绩:\n");
    scanf("%f%f",&e_score,&p_score);
    score=e_score*0.7+p_score*0.3;
    printf("总评成绩:%f\n",score);
    if(i>=50) break;
}
```

语句 "if(i>=50) break;" 表示当 i 的值大于或等于 50 后，就跳出循环结构了。break 的作用是用来跳出循环，使循环结束。不过即使表达式省略了，for 语句中的分号也不能省。

（3）表达式 2 通常是关系表达式或逻辑表达式，但也可以是数值表达式或字符表达式，只要值不为 0，就表示循环条件成立，执行循环体。

（4）既然表达式 1 和表达式 2 可以省略，那么表达式 3 同样也可以省略。因为表达式 3 的作用通常是使循环变量变化的语句，如果没有表达式 3，循环变量将永远不变，循环条件也将永远成立，循环将永远执行下去。所以，省略表达式 3 时，可以将该语句补充在循环体中，如：

```
for(i=0;i<50;)
{
    printf("请输入学生的考试成绩和平时成绩:\n");
    scanf("%f%f",&e_score,&p_score);
    score=e_score*0.7+p_score*0.3;
    printf("总评成绩:%f\n",score);
    i=i+1;
}
```

（5）三个表达式都可以省略，但是为了程序不出错，省略后要把相应的语句写在程序的其他地方。一般不建议这样做，因为这样的程序难以理解。

6.3.4 循环结构程序设计编程实训：累加器程序的编写

实例 6-9　编写一个累加器程序，求 1+2+3+…+n 的和，n 的值根据需要由键盘输入，比如当输入 10 时，求出的结果是 55，输入 100 时，求出的结果是 5050。要求用三种循环方法实现。

解析：看起来好像是一个稍复杂的问题，该如何着手呢？

不管三七二十一，咱们先定义一个变量用来存放结果的值，因为 n 的值是任意的整数，结果的值可能很大，因此把结果类型定义为 long 型，用变量名 sum 表示。

是否可以这样理解，sum 先为 0，先求 0+1 的和 sum，然后再用 sum 加 2，将结果还放在 sum 中；然后再用 sum 加 3，结果还放在 sum 中；然后再用 sum 加 4，结果仍放在 sum 中，然后……，依此类推，直到发现加数已经大于 n 时，便停止相加。最后 sum 的结果不就是所要求的结果吗？输出来就可以了。

在这个过程中，加数一开始是 1，然后是 2，然后是 3，每次相加完增 1，直到大于 n 时终止。用一个整型变量 i 表示加数。

这是一个循环相加的过程。循环共执行 n 次，所以循环能够继续的条件是 i<=n。循环体部分是 "sum=sum+i;i=i+1;"，循环的初始条件是："sum=0;i=1;"，循环条件是 "i<=n"。

（1）while 语句实现的累加器程序：

```
main()
{
    int i,n;
    long sum;
    i=1;
    sum=0;
    printf("1+2+3+...+n=?\n");
    printf("请输入 n 的值:");
    scanf("%d",&n);
    while(i<=n)
    {
```

```
            sum=sum+i;
            i=i+1;
        }
        printf("1+2+3+...+%d=%ld",n,sum);
}
```

（2）do-while 语句实现的累加器程序：

```
main()
{
    int i,n;
    long sum;
    i=0;
    sum=0;
    printf("1+2+3+...+n=?\n");
    printf("请输入 n 的值:");
    scanf("%d",&n);
    do
    {
        sum=sum+i;
        i=i+1;
    }while(i<=n);
        printf("1+2+3+...+%d=%ld",n,sum);
}
```

（3）for 语句实现的累加器程序：

```
main()
{
    int i,n;
    long sum;
    sum=0;
    printf("1+2+3+...+n=?\n");
    printf("请输入 n 的值:");
    scanf("%d",&n);
    for(i=1;i<=n;i++)
    sum=sum+i;
    printf("1+2+3+...+%d=%ld",n,sum);
}
```

上述三种不同方法，程序运行的界面和结果都是一样的。开始运行时，出现如下提示界面：

1+2+3+…+n=?
请输入 n 的值:

如果输入 100，则输出结果如下：

1+2+3+…+100=5050

在这个例子中，循环变量增值的语句是 i=i+1，因为是增 1，也可以用自增运算符 i++来实现。这样写更方便简洁。

上面的第三种形式也可写成如下形式：

```
main()
{
    int i,n;
    long sum;
    printf("1+2+3+...+n=?\n");
```

```
    printf("请输入 n 的值:");
    scanf("%d",&n);
    for(i=1,sum=0;i<=n;i++)
    sum=sum+i;
    printf("1+2+3+...+%d=%ld",n,sum);
}
```

for 语句的表达式可以是逗号表达式，即两个表达式用逗号连接起来。比如上例中的表达式"i=1,sum=0;"就是一个逗号表达式，这是可以的。

实例 6-10　编写一个程序，输出 1～200 间的所有奇数。

解析：在这个程序中，要依次判断 1，2，3，4，5，…，200 是否可以被 2 整除，如果可以被 2 整除，则不输出；否则输出。

程序如下：

```
main()
{
    int i;
    clrscr();
    for(i=1;i<=200;i++)
    {
        if(i%2==0) continue;
        printf("%4d",i);
    }
}
```

其中，continue 表示跳过下面的 printf 语句而执行下一次循环的意思，也就是说如果 i 能够被 2 整除就不要输出，只有当不能被 2 整除的时候才输出。

注意：break 和 continue 的区别是：break 表示结束整个循环，转而执行循环下面的语句；continue 是结束本次循环，转而执行下一次循环的意思。

举个不恰当的例子吧。你在操场上进行 5000 米长跑训练，需要跑十圈。如果你跑到第五圈的一半，觉得身体不太舒服，想退出训练，你就可以 break；而如果你仅仅先停下来休息，然后从第六圈开始跑，你就需要 continue。

实例 6-11　编写一个程序，输出 1～1000 间的所有素数，并统计其总数。

解析：所谓素数，是指除了 1 和该数本身之外，不能被其他任何整数整除的数。例如，17 就是一个素数，因为它不能被 2，3，4，…，16 整除。

如果希望输出并统计 1～1000 间的素数，得先定义一个整型变量（设为 s），该变量用来表示 1～1000 间素数的总数，使该变量的初值为 0，然后依次判断每个数是否为素数，如果是则输出，并使 s 加 1。

注意，这里是依次判断，也就是先判断 1 是否为素数，然后判断 2，然后判断 3，然后判断 4，依此类推，直到 1000。这是一个循环。这里用 number 来表示被判断的数，该数从 1，2，3，4，…，直至 1000。

程序的框架可以描述如下：

```
main()
{
    int s,number;
    s=0;
```

```
    for(number=1;number<=1000;number++)
    如果 number 是素数
    {
        输出 number;
        s=s+1;
    }
}
```

那么如何来判断一个数 number 是否为素数呢？刚才曾提及，如果 number 不能被 2，3，4，…，number-1 整除，则 number 是素数。这又是一个循环，用 i 来表示被除数，i 的值为 2，3，4，…，number-1，要依次判断 number 是否可以被 i 整除，如果发现可以被其中一个整除，则循环终止，如果循环中途终止（break）了，则 i 的值一定小于 number。循环结束后判断 i 的值，如果值大于或等于 number，表明循环中途没有终止，也就是说没有任何一个数可以被 number 整除，那么 number 就是素数了。

判断某数 number 是素数的程序段如下：

```
for(i=2;i<=number-1;i++)
if(number%i==0) break;
if(i>=number) printf("%d",number);
```

把两段程序整合起来，完整的程序如下：

```
main()
{
    int s,number,i;
    s=0;
    for(number=1;number<=1000;number++)
    {
        for(i=2;i<=number-1;i++)
        if(number%i==0) break;
        if(i>=number)
        {
            printf("%4d,",number); s=s+1;
        }
    }
    printf("\n\n%d",s);
}
```

这个例子中，在循环结构 for 中还有一个 for 循环，这样的循环体内又包含另一个完整循环结构的形式，称为循环的嵌套。

三种循环（while 循环、do-while 循环、for 循环）都可以相互嵌套。

关于循环语句的具体实例应用，扫码看微课。

实训项目

实训 1：选择题

1. 已知 int x=5,y=6,z=7;，则以下语句执行后，x、y、z 的值为（　　）。

    if(x>y) z=x;x=y;y=z;

    A. 6　7　7　　　　B. 6　5　5　　　　C. 5　6　7　　　　D. 5　6　5

如果为以下语句，执行完后，x、y、z 的值为（　　）。

```
if(x<y) z=x;x=y;y=z;
```

A．6　7　7　　　　　　　　　　B．6　5　5
C．5　6　7　　　　　　　　　　D．5　6　5

2．为了避免在嵌套的条件语句 if-else 中产生二义性，C 语言规定：else 子句总是与（　　）配对。

A．和其缩排位置相同的 if　　　　B．其之前最近的且未配对的 if
C．其之后最近的 if　　　　　　　D．同一行上的 if

3．当 a=1，b=3，c=5，d=4 时，执行完下面一段程序后 x 的值是（　　）。

```
if(a<b)
if(c<d) x=1;
else
if(a<c)
if(b<d) x=2;
else x=3;
else x=6;
else x=7;
```

A．1　　　　　B．2　　　　　C．3　　　　　D．6

4．若运行时给变量 x 输入 12，则以下程序的运行结果是（　　）。

```
main()
{
    int x,y;
    scanf("%d",&x);
    y=x>12?x+10:x-12;
    printf("%d\n",y);
}
```

A．0　　　　　B．22　　　　　C．12　　　　　D．10

5．设有程序段如下：

```
int x=5;
while(x<4) x=x-1;
```

该程序段执行完后，x 的结果为（　　）。

A．5　　　　　B．4　　　　　C．0　　　　　D．死循环

6．设有程序段如下：

```
int x=5;
do
{
    x=x-1;
}while(x<=4);
```

该程序段执行完后，x 的结果为（　　）。

A．5　　　　　B．4　　　　　C．0　　　　　D．死循环

7．若 i 为整型变量，则以下循环语句执行的次数是（　　）。

```
for(i=2;i==2;) printf("%d",i);
```

A．1 次　　　　B．无限次　　　　C．2 次　　　　D．0 次

8．以下语句的执行结果为（　　）。

```
int i=1;sum=0;
for(;i<=5;) sum=sum+i;i=i+2;
```
A．9　　　　　　　B．15　　　　　　　C．死循环　　　　　　D．0

实训 2：填空题

1．当输入 6，4，10 时，下列程序的运行结果是＿＿＿＿＿。
```
main()
{
    int a,b,c,t;
    scanf("%d%d%d",&a,&b,&c);
    if(b>a) {t=a;a=b;b=t;}
    if(c>a) {t=a;a=c;c=t;}
    if(c>b) {t=b;b=c;c=t;}
    printf("%d,%d,%d\n",a,b,c);
}
```

2．若输入 2000，下列程序的运行结果为＿＿＿＿＿。
```
main()
{
    int year,leap;
    printf("please input the year:\n");
    scanf("%d",&year);
    if(year%4) leap=0;
    else if(year%100) leap=1;
    else if(year%400) leap=1;
    else leap=1;
    if(leap) printf("%d is a leap year!",year);
    else printf("%d is not a leap year!",year);
}
```

3．填写下列程序的空白处，使之实现求 100 之内所有偶数相乘的积。
```
main()
{
    int mul,accu;
    mul=2;
    _____
    while(mul<=100)
    {
        accu=accu*mul;
        _____
    }
    printf("2*4*6*...*100=%ld\n",accu);
}
```

4．下面这个程序的功能是：用 do-while 语句求 1～1000 间满足"用 3 除余 2；用 5 除余 4；用 7 除余 6"的数。请在程序空白处填入合适的内容。
```
main()
{
    int number;
    number=1;
    do
```

```
    {
        if(_____)
        printf("%5d",number);
        _____
    }while(number<=1000);
}
```

5．下面这个程序的功能是：输入一个整数，找到该整数的因子，当找到的因子数超过 10 个时，则退出不找。在程序的空白处填入适当的内容。

```
main()
{
    int number,i,j;
    j=0;
    scanf("%d",&number);
    for(i=1;i<number;i++)
    {
        if(number%i==0)
        {
            printf("%4d",i);j=j+1;
        }
        if(j>=10)_____;
    }
}
```

实训 3：编程题

1．输入 4 个整数，要求按照从小到大的顺序输出来。如输入 56，90，12，-65，输出为：-65，12，56，90。

2．根据职工该年的积分计算企业发放的年终奖。积分等于或低于 0 分的，奖金为 0；积分在 1～20 分之间的，奖金为积分数乘以 100；积分在 21～30 分之间的，奖金为积分数乘以 150；积分在 31～40 分之间的，奖金为积分数乘以 200；积分在 41～50 分之间的，奖金为积分数乘以 250；积分在 50 分以上的，奖金都为积分数乘以 300。编写一个程序，从键盘输入积分数，求出该职工的年终奖。

3．有一种数字比较特别，称为"水仙花数"，这样的数是指：该数是 3 位数，其各位数字立方和等于该数本身。例如，153 就是一个水仙花数，因为 $153=1^3+5^3+3^3$。请编写程序，打印出所有的水仙花数。

4．有一种数称为"完数"，完数是指：这个数恰好等于它的所有因子之和。编写这样的程序，要求从键盘输入一个数字，判断该数是否为完数。

第 7 章　模块化程序设计

本章重点：

- 理解函数的相关概念：函数、函数的调用、函数的参数、函数的返回值、函数的类型
- 掌握函数的使用：函数的定义、函数的声明、函数的调用
- 掌握局部变量、全局变量的概念
- 理解动态存储方式和静态存储方式的定义和使用

前几章所讲的例题都是一些比较小的程序，实现一些简单的功能，比如一个加法器、成绩计算器，功能单一，程序简单，编写比较容易。但是在使用 C 语言编写程序的时候，有时需要编写一些功能比较多的复杂程序。

如果要求你编写一个包含 10 个功能的程序，该如何着手呢？

在现实生活中，当我们面对很多事情要处理的时候，我们需要把事情理清楚，然后一件件地去做。编程也是同样的道理，当面对一个功能复杂的大型程序时，需要先将复杂程序按照功能分成若干个功能模块，每个模块也可以由更小的若干个模块所组成，这样细化过的每个模块只实现一个特定的功能。然后一个一个模块地编写。

这样自顶向下、逐步细化的程序设计方法又称为模块化程序设计。

在 C 语言中，模块是由函数来实现的。本章具体讲述函数的使用和模块化设计方法。

7.1　函数

7.1.1　函数的概念

先来看一个程序。

实例 7-1

```
main()
{
    printf("**************************************\n");
    printf("     Welcome to Student management system!\n");
    printf("**************************************\n");
}
```

这个程序的功能非常简单，输出结果如下：

```
**************************************
Welcome to Student management system!
**************************************
```

程序中有两行语句的功能是一样的，即第二行和第四行，都是输出一行"*"。重复书写是一件麻烦的事儿，这个程序中只是重复书写两遍，如果某个程序中需要重复书写 10 遍、50

遍，工作量将很大。

是否有简便点的方法呢？

当然有，请看下面改进后的程序。

```
main()                              /*主函数 main*/
{
    printstar();                    /*调用子函数 printstar*/
    printf("    Welcome to Student management system!\n");
    printstar();                    /*调用子函数 printstar*/
}
    printstar()                     /*子函数 printstar*/
{
    printf("*****************************************\n");
}
```

在改进后的程序中把输出一行"*"号的功能单独定义为一个程序段，用一个名字 printstar 来表示。当在 main 函数中需要实现输出一行"*"号的功能时，只需要写出 printstar()即可实现调用功能。

所谓函数的调用，就是指函数的使用。

这样能够完成一定功能的程序段称为函数。一个完整的 C 程序可以只有一个 main 函数，也可以由一个 main 函数和若干个子函数所构成，由主函数调用子函数，子函数之间也可以相互调用，同一个函数可以被不同的函数调用多次。

函数之间的位置并无前后主次之分，因为无论一个程序中包含多少个函数，C 程序的执行总是从 main 函数开始，调用完其他函数后还得回到 main 函数，在 main 函数中结束整个程序的运行。执行的先后和函数的位置没有关系，和被调用的先后有关系。

调用其他函数的函数称为主调函数，被其他函数调用的函数称为被调函数，所有子函数都既可以是主调函数，也可以是被调函数。但是 main 函数是老大，是主调函数，是不能被其他函数调用的。

7.1.2　函数的分类

在编写程序的过程中，用户可以根据自己的需要编写函数，从而实现一定的功能，这样由用户自己编写的函数称为用户自定义函数。如实例 7-1 中，函数 printstar 是用户自己编写的，用来实现输出一行"*"，属于**用户自定义函数**。

为了方便用户，C 语言系统提供一些具有常用功能的函数供用户使用，用户只需要直接调用就可以了，这样由系统提供的函数称为**系统函数或库函数**。如函数 clrscr()就是一个系统函数，用来实现清屏；cos()是一个求余弦值的函数，sin()求正弦值，sqrt()实现求开方等。

上述是从用户使用的角度来划分的。另外，根据函数的形式来划分，函数还可以分为**无参函数和有参函数**。

无参函数指的是不需要主调函数传送数据，可以直接使用的函数，如实例 7-1 中的 printstar()函数、清屏函数 clrscr()都是可以直接使用的。但是有的函数，如 cos()函数，在使用的时候，后面的括号内必须有数据，如 cos(3)表示求 3 的余弦值；sqrt(59)表示求 59 的开方，这样的函数称为有参函数。

系统提供给用户的函数，可以直接调用。比如当需要求某个数 m 的开方并将这个开方值赋给变量 x 时，调用语句为：

```
x=sqrt(m);
```

如果有的功能，没有相应的系统函数来实现，就需要用户自己来定义函数了。

用户如何自定义函数呢？

7.1.3　函数的定义

根据自己的需要编写函数称为"函数的定义"。因为函数可以分为无参函数和有参函数，下面分别讲述无参函数和有参函数的定义。

1. 无参函数的定义

无参函数定义的一般形式为：

```
类型标识符 函数名()
{
    声明部分;
    执行部分;
}
```

"类型标识符"表示函数返回值的类型，因为无参函数一般没有返回值，这种情况类型标识符可以用 void 表示，表示无返回值。

"函数名"是函数的名称，在被调用时，就是根据函数名来调用的。函数名的命名规则和变量名相同。一般起名应该遵循"见名知意"的原则。

之所以称为无参，指的是函数名后的()内没有参数，是空的。

{ }内是函数体。函数体由"声明部分"和"执行部分"组成。声明部分用来定义函数体内使用的变量类型和被调用函数的原型；执行部分是实现函数功能的核心部分，由若干的语句所组成。

实例 7-1 就是一个无参函数定义的例子。

2. 有参函数的定义

比之于无参函数，有参函数名后的圆括号()内包含了参数。

有参函数定义的一般形式为：

```
类型标识符 函数名(形式参数表列)
{
    声明部分;
    执行部分;
}
```

各组成部分的含义同无参函数一样，只是多了"形式参数表列"。

实例 7-2　下面是一个求两个数平均值的程序。

```
float average(float x,float y)          /*子函数 average*/
{
    float z;
    z=(x+y)/2;
    return(z);
}
main()                                   /*主函数 main*/
{
    float number1,number2,ave;
```

```
        printf("请输入两个数:\n");
        scanf("%f%f",&number1,&number2);
        ave=average(number1,number2);          /*调用子函数 average，将调用结果赋给 ave*/
        printf("两数平均值为:%.1f",ave);
    }
```

运行时，当从键盘输入 56.5 和 43.7 时，结果为：

```
两数平均值为:50.1
```

这个程序是由两个函数组成的：主函数 main()和子函数 average()。

在子函数 average 的定义中，函数名前的类型标识符 float 表示函数返回值 z 的类型。若函数定义时没有类型标识符，则系统默认为 int 型。

函数名后的()中是参数表列，是对参数的名字和类型进行定义。如果有多个参数，中间用逗号隔开。这个 average 函数中有两个参数，名字为 x、y，都是 float 型。

在定义有参函数时，函数参数的说明也可以放在圆括号之外。如上例函数 average 的定义可以写成：

```
float average(x,y)
float x,y;                    /*函数参数定义*/
{
    float z;
    z=(x+y)/2;
    return(z);
}
```

在实例 7-2 中，当程序执行时，先从主函数 main()开始，假定从键盘输入的是 56.5 和 43.7，则 number1=56.5，number2=43.7，语句 ave=average(number1,number2)实现调用函数 average()，将 56.5 和 43.7 两个实际值对应传递给子函数中的参数 x 和 y，在函数 average()中求得 z=(x+y)/2=50.1，得到的结果通过 return(z)返回到主函数中并赋给变量 ave，然后将 ave 输出，输出的值就是 56.5 和 43.7 的平均值 50.1。

在编写大型程序的时候，子函数是需要一个个编写的。如果需要先在主调函数中占一个位置，留待以后编好程序再补充上去，可以定义一个空函数，用来占位置。

例如：

```
fabs()
{ }
```

就表示定义了一个空函数。

在讲解函数定义过程中，我们曾提及一些术语，如函数的参数、函数的返回值、函数的调用，下面来逐一详细介绍。

7.1.4 函数的参数

实例 7-2 中子函数名 average 后括号内的 x 和 y 是参数，主调函数中的调用语句 ave=average(number1,number2)括号内的 number1、number2 也是参数。前者称为形式参数（形参），是指被调函数中的参数；后者称为实际参数（实参），是主调函数传送给被调函数的实际参数。

那么形式参数和实际参数之间是什么关系呢？请看实例 7-3。

实例 7-3   下面程序的结果是什么？

```
int f(int x,int y)              /*子函数名为 f，函数类型为 int，包括两个参数 x 和 y*/
{
    int s;
    x=x+1;
    y=y+1;
    s=x*y;
    return(s);
}
main()                          /*主函数 main*/
{
    int a,b,c;
    a=5;
    b=6;
    c=f(a,b);
    printf("%d",c);
}
```

该程序由两个函数组成：子函数 f 和主函数 main。在子函数 f 中有两个形式参数 x 和 y，在函数名后面的圆括号内定义了这两个形参的类型，都是 int 型。该函数的作用是求(x+1)和(y+1)的乘积。

在主函数 main 中，定义了三个整型变量 a、b、c，并给 a 和 b 分别赋值 5 和 6，然后调用子函数 f，调用语句是 c=f(a,b)，表示将实际参数 a 和 b 的值传送给子函数中的形式参数 x 和 y，则 x 的值为 5，y 的值为 6，在子函数 f 中进行运算，得 s 值为 42，将得到的结果值 s 通过 return 语句返回主函数中并赋给变量 c，c 为 42，输出 c。所以运行结果是：

42

形参和实参之间究竟有什么联系和区别呢？

（1）在实际调用时，实参需要将值传递给形参，实参和形参在进行值传递时是一一对应关系，所以其个数应该相同，对应的类型也应该相同。

（2）在调用时，将实参变量的值传递给形参，这样的数据传递方式称为"值传递"。值的传递是单向的，即只能由实参把值传递给形参，计算完后，形参的值不能传递给实参，所以说，即使形参改变了，实参也没改变。实例 7-3 中，参数值的传递关系如图 7-1 所示。

计算出的结果 s 值通过 return 语句带回给 c。在这个程序中，虽然子函数 f 中，x 和 y 的值分别变为 6 和 7，但是实参 a 和 b 的值仍为 5 和 6 没变，结果如图 7-2 所示。

（3）在子函数未被调用时，系统并不会分配存储单元给形参，只有当调用时，才会被分配内存单元，用来接收从实参传来的值并进行计算，函数调用结束，形参的存储空间就被收回。

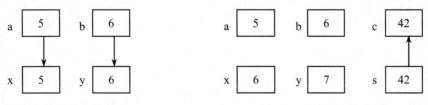

图 7-1　参数值传递关系 1　　　　　图 7-2　参数值传递关系 2

（4）实参不但可以是变量，也可以是常量，还可以是表达式，如：

f(5,a+2);

实参一定要有确定的值。形参不可以是常量和表达式，只能是变量。

7.1.5 函数的返回值和函数的调用

在实例 7-3 中，子函数 f 中有这样一行语句：

```
return(s);
```

该语句的功能是：实现将子函数中得到的 s 值带回到主调函数 main 中；主函数 main 中有这样一行语句"c=f(a,b);"，实现调用子函数 f，并将得到的返回值赋给变量 c。

return 语句该如何使用呢？

函数需要返回什么样的值呢？

函数的调用遵循哪些规则呢？

1. 函数的返回值

返回值就是主调函数在调用一个函数时得到的值，被调函数的返回值是通过 return 语句实现的。

（1）return 语句的使用。return 语句的作用就是希望将得到的值（返回值）带回到主调函数中。

return 语句的一般形式如下：

```
return 表达式;
```

实例 7-3 中，return(s)表示将得到的 s 值带回到主调函数中。也可以省掉括号，写成 return s。

实例 7-3 中的 f 函数也可以写成如下形式：

```
int f(int x,int y)
{
    x=x+1;
    y=y+1;
    return(x*y);
}
```

也就是说，return 后可以是一个表达式。

在调用函数时，有两种情况不需要 return 语句：

● 无参函数的调用，如实例 7-1。

● 调用一个函数时并不需要得到一个函数值，如实例 7-3 可以改写如下：

```
int f(int x,int y)
{
    int s;
    x=x+1;
    y=y+1;
    s=x*y;
    printf("%d",s);
}
main()
{
    int a,b,c;
    a=5;
    b=6;
    f(a,b);
}
```

在子函数 f 中，已经实现了将求得的结果 s 输出来，就不需要带回值到主调函数 main 中了。

（2）返回值的类型。既然函数有返回值，该值就应该属于某一确定类型。在定义函数时，函数的类型必须和返回值的类型保持一致。实例 7-3 中函数的类型 int 和返回值的类型就是一致的。

如果定义的函数类型和 return 后表达式的类型不一致，该怎么办？

系统规定，在两者不一致的情况下，以函数类型为准。

如果函数的类型为整型，类型标识符 int 可以省略不写，所以实例 7-3 中的函数类型 int 可以省略。

如果不希望函数带回返回值，可以用 void 加以说明，表示"无类型"，如：

```
void printstar()
{…}
```

2. 函数的调用

函数的调用也就是函数的使用。

在实例 7-1 中，需要输出一行"*"号，函数 printstar 可以实现这样的功能，调用 printstar 函数的语句为：

```
printstar();
```

实例 7-2 中，需要求两个实数 number1 和 number2 的平均值，函数 average 可以实现这样的功能，调用 average 函数的语句为：

```
ave=average(number1,number2);
```

实例 7-3 中，需要求两个数 a 和 b 各加 1 然后相乘得到一积，函数 f 可以实现这样的功能，调用 f 函数的语句为：

```
c=f(a,b);
```

从上述的几个例子中，你是否总结出函数调用的一般形式了呢？

1）无参函数调用的一般形式：

```
函数名();
```

虽然括号内没有参数，是空的，但是括号不能省略，否则就当作变量处理了，如实例 7-1。

2）有参函数调用的一般形式：

```
函数名(实参表列);
```

如果有多个实参，实参之间应该用逗号间隔，如实例 7-2 和实例 7-3；实参和形参的个数应该相等，类型应一致。

通常将调用有参函数得到的值赋给一个变量，如实例 7-2 是将调用得到的返回值赋给变量 ave，实例 7-3 是将调用得到的返回值赋给变量 c。

函数调用得到的返回值也可以参加运算，如"sum=max(a,b)+max(c,d);"表示将两次调用 max 函数的结果相加。

3. 函数的声明

使用函数，无论是使用系统提供的库函数，还是使用用户自定义的函数，都得做一个"声明"。

如果使用的是库函数（系统提供的函数），需要在程序之前用#include 命令将该函数所在的文件"包含"进来。

当使用输入输出函数如 getchar()、putchar()等时，需要在程序文件前加语句：#include "stdio.h"；当使用到一些数学函数如 fabs()（求绝对值）、sqrt()（开方）、sin()（正弦）、cos()（余弦）等时，需要在程序文件前加语句：#include "math.h"。

使用用户自定义函数，也得做"声明"。

有人会问，前面的几个例子中好像没见到什么"声明"吧！前面的例子中确实没有，因为被调用的函数都是在主调函数之前定义的，所以就不用声明了。但是，如果被调函数在主调函数之后，就应该在主调函数中做声明，参见实例 7-4。

实例 7-4

```
main()
{
    float number1,number2,maximum;
    float max(float x,float y);              /*对被调函数 max 的声明语句*/
    scanf("%f%f",&number1,&number2);
    maximum=max(number1,number2);
    printf("最大值:%.1f\n",maximum);
}
float max(float x,float y)
{
    float z;
    z=x>y?x:y;
    return(z);
}
```

其中第三行就是对被调函数的声明语句。所谓声明，就是把函数的类型、函数的名字、函数形参的类型、个数及顺序通知编译系统，便于该函数在被调用时系统按照声明进行检查。

函数的声明也可以不写形参的名字，只写出类型即可。如上例中的声明可以写成：

```
float max(float,float);
```

函数的声明又称为"函数原型"，所以函数原型的一般形式是：

```
函数类型 函数名(参数类型 1 参数名 1,参数类型 2 参数名 2,…,参数类型 n 参数名 n);
```

也可以省掉参数名，如下：

```
函数类型 函数名(参数类型 1,参数类型 2,…,参数类型 n);
```

不过有两种情况不要在主调函数中对被调函数做声明：

● 被调函数的程序代码是在主调函数之前。

● 在所有函数之外，已对被调函数做了声明。如在上例中，可以把声明语句放在所有函数的前面：

```
float max(float,float);    /*对被调函数 max 的声明*/
main()
{…}
max()
{…}
```

7.1.6 函数编程实训

实例 7-5 从键盘输入一个数 x，可以求 e^x、x 的开方、x 的正弦值、x 的余弦值，界面如图 7-3 所示。

要求提供用户输入选项，按照输入选项对应的要求进行计算。如果输入 2，表示要进行开方计算，然后出现提示"请输入一个数:"，用户根据提示输入所要计算的数字，假如是 65，计算出开方结果为 8.06，输出为"结果：8.06"，依此类推。

图 7-3　程序界面

解析： 本例中所需要实现的功能都可以通过调用数学库函数来实现。

库函数是人们根据需要编制并提供给用户使用的。每一种 C 编译系统都提供了一批库函数，不同的编译系统提供的库函数可能不同。本书以 Turbo C（TC）编译系统为例，所例举的库函数都是 TC 中常用的。

TC 中提供了多种类型的库函数，如数学函数库 math.h、输入输出函数库 stdio.h、字符和字符串函数库 string.h 等。使用相应的系统函数时，要将其所在的头文件名包括进来。

本例中所使用的四个函数分别为：exp(x)、sqrt(x)、sin(x)、cos(x)，都在数学函数库中，所以在程序之前加语句：#include "math.h"。

输入相应的选项来实现对应的功能用 switch 语句实现。

程序如下：

```
#include "math.h"
main()
{
    int x;
    int choice;
    float result;
    clrscr();
    printf("\n 请选择功能:\n\n");
    printf("1. exp\n");
    printf("2. 开方\n");
    printf("3. 正弦值\n");
    printf("4. 余弦值\n\n");
    scanf("%d",&choice);
    printf("\n 请输入一个数字:\n");
    scanf("%d",&x);
    switch(choice)
    {
        case 1: result=exp(x); break;
        case 2: result=sqrt(x); break;
        case 3: result=sin(x); break;
        case 4: result=cos(x); break;
        default: printf("有错!");
    }
    printf("结果：%.2f\n",result);
}
```

实例 7-6 求最大公约数和最小公倍数。

输入两个整数 number1 和 number2，求出这两个数的最大公约数和最小公倍数。

解析：因为该题需要实现两个功能：求公约数和公倍数，所以分别用两个子函数来实现，设求最大公约数的函数为 divisor，求最小公倍数的函数为 multiple。

那么如何求最大公约数和最小公倍数呢？

两个整数 x 和 y 的最大公约数是这样求的（假定 x 大于 y）：

S1：x 除以 y 取余得 z

S2：若 z 为 0，则最大公约数就是 y

S3：否则若 z 不为 0，则使 x=y，y=z，继续执行步骤 S1。

比如求 32 和 14 的最大公约数，过程如下：

32 除以 14　　取余为 4

14 除以 4　　取余为 2

4 除以 2　　取余为 0

所以 2 就是 32 和 14 的最大公约数。

最小公倍数的求法为：最小公倍数=两数之积除以最大公约数。

程序如下：

```c
long divisor(long x,long y)
{
    long z;
    z=x%y;
    while(z!=0)
    {
        x=y;
        y=z;
        z=x%y;
    }
    return(y);
}
long multiple(long x,long y)
{
    long s;
    s=(x*y)/divisor(x,y);
    return(s);
}
main()
{
    long number1,number2,div,mul;
    printf("请输入两个整数:\n");
    scanf("%ld%ld",&number1,&number2);
    div=divisor(number1,number2);
    mul=multiple(number1,number2);
    printf("最大公约数是：%ld\n",div);
    printf("最小公倍数是：%ld\n",mul);
}
```

在该程序中，求公倍数函数 multiple 调用了求公约数函数 divisor，表明在一个子函数中可以调用另一个子函数。

一个子函数可以调用另一个子函数，那么一个子函数是否可以调用自身呢？请看实例 7-7。

实例 7-7　编写一个函数，求 n！。

解析：已知

0!=1

1!=1

2!=1!*2

3!=2!*3

4!=3!*4

…

n!=(n-1)!*n

用公式表示如下：

$$n! = \begin{cases} 1 & (n=0,1) \\ (n-1)!*n & (n>1) \end{cases}$$

用函数表示如下：

```c
long f(int n)
{
    long s;
    if(n==0||n==1) s=1;
    else s=f(n-1)*n;
    return(s);
}
```

在上面的函数 f 中，有这样一条语句：s=f(n-1)*n;，即调用了 f 自身，这种调用方式称为递归调用，即函数直接或间接调用该函数本身的调用。

完整程序如下：

```c
long f(int n)
{
    long s;
    if(n==0||n==1) s=1;
    else s=f(n-1)*n;
    return(s);
}
main()
{
    int n;
    long y;
    printf("请输入一个整数:\n");
    scanf("%d",&n);
    y=f(n);
    printf("%d!=%ld\n",n,y);
}
```

关于函数的具体实例应用，扫码看微课。

7.2   变量的作用范围

一个程序是由一个主函数 main 和若干个子函数构成的。下面就是一个主函数和一个子函数构成的程序。

实例 7-8   编写一个程序，求 x^n 的结果，x 和 n 的值由键盘输入。

程序如下：

```
long f(int x,int n)
{
    long s;
    int i;
    s=1;
    for(i=1;i<=n;i++)
    s=s*x;
    return(s);
}
main()
{
    int n,x;
    long s;
    printf("请输入底数 x 和指数 n:\n");
    scanf("%d%d",&x,&n);
    s=f(x,n);
    printf("x"=%ld\n",s);
}
```

你是否注意到在子函数 f 和主函数 main 中有三个变量的名字是一样的：x，n，s。

不同的函数可以有相同名字的变量吗？它们之间会相互混淆吗？

这就涉及到变量的作用域问题，即变量在什么样的范围内有效。根据变量的作用域不同，可以把变量分为局部变量和全局变量。

1. 局部变量

有的变量是在函数内部定义的，那么这个变量只在本函数范围内有效，也就是说只有本函数才可以使用它，在本函数以外不能使用这个变量。这种变量称为局部变量。

实例 7-7 中，函数 f 范围内定义了四个局部变量 x，n，s，i；函数 main 内定义了三个局部变量 x，n，s，它们只在各自的函数范围内有效，虽然三个变量名字相同，但它们代表不同的对象，占用不同的存储单元，互不干扰。main 虽然是主函数，主函数内的变量也只在主函数内有效，主函数也只能使用自己的变量而无权使用其他函数内的局部变量。

还有一种局部变量的作用范围更小，它是在函数内的复合语句中定义的，因此它就只在这个复合语句内有效，如下例：

```
main()
{
    int a,b;
    scanf("%d%d",&a,&b);
    if(a<b)
    {
```

```
        int t;
        t=a;
        a=b;
        b=t;
    }
    printf("%d,%d",a,b);
}
```

第 5～8 行构成了一个复合语句，用 { } 括了起来，t 是在这个复合语句内定义的，只能在这个复合语句内使用，复合语句外不能使用 t。

2．全局变量

和局部变量相反，全局变量是在函数外定义的，它并不从属于某个函数，可以被文件中其他的函数使用。

实例 7-9

```
long s=1;
f(int x,int n)
{…}
main()
{…}
```

解析：这个程序中把变量 s 的定义放在了两个函数之前，所以两个函数中都可以使用变量 s。若 s 的值在子函数 f 中发生改变，主函数 main 使用的就是改变后的值。把 s 定义为全局变量，可以实现在一个函数中改变其值，其他函数中对应的值也随之改变的目的，就不需要 return 语句带回返回值了。所以说，函数之间可以通过全局变量增加相互间的联系渠道。

全局变量是否可以被文件内的所有函数使用呢？

答案是否定的。全局变量的作用范围是从定义点开始到文件结束，定义点之前不能使用这个变量。如果把上例中 s 的位置调整如下：

```
f(int x,int n)
{…}
long s=1;
main()
{…}
```

虽然 s 仍是在函数外部定义的，但它只能被定义点后的 main 使用，定义点之前的 f 就不能使用。

由上面的叙述可以知道，在一个函数内，既可以使用本函数内的局部变量，也可以使用本函数之前定义的全局变量。

假如在一个文件中，局部变量和全局变量重名，那么是否会有冲突，谁将起作用呢？

在局部变量的范围内，局部变量起作用，全局变量将被屏蔽掉而失去作用。

实例 7-10

```
int a=5;
main()
{
    int a=3;
    printf("%d",a);
}
```

解析：第一行定义了一个全局变量 a，值为 5；第四行定义了一个局部变量 a，值为 3。在函数 main 内，局部变量 a 起作用，所以输出的是 3。

全局变量之所以可以被其他函数使用，是因为从定义开始到程序结束，即使不再使用，它也自始至终占据存储空间。所以说，使用全局变量将会浪费存储空间。另外，因为全局变量的使用，各函数间可以共用一个变量，变量在一个函数中变化，在其他函数中也将发生变化，从而使函数间的联系加强了，而程序设计要求函数间的联系应尽可能小，全局变量的使用违背了这个原则。所以全局变量应该减少使用。

7.3 变量的存储类别

根据变量的存储类别，变量可以分为静态存储方式变量和动态存储方式变量。

静态存储方式指的是：在整个程序运行期间分配固定的存储单元，直到整个程序运行结束后才释放变量的存储单元。

动态存储方式指的是：在程序运行期间根据需要动态地分配存储空间，使用完变量即释放存储空间。

变量的作用范围是由变量的位置决定的，而变量的存储类别是需要用关键字来声明的，所谓声明，就是告诉系统该变量是以什么样的方式来存储。下面具体讲述如何把一个变量声明为动态存储方式或静态存储方式。

7.3.1 动态存储方式

1. auto 变量

可以用关键字 auto 来声明一个局部变量，这样的变量称为自动变量。在调用一个函数时，为该函数中的自动变量分配存储单元，函数调用结束后，函数中自动变量的存储单元就被释放，属于动态存储方式。

例如 auto int a;表示将 a 定义为自动整型变量。

其实，在实际定义时，关键字 auto 常被省略。所以通常见到的局部变量虽然没有用 auto 声明，但隐含的该变量就属于自动变量，属于动态存储方式。

2. register 变量

一般情况下，在一个程序运行时，该程序中所使用的变量的值是存放在内存中的。

如果有的时候，函数中频繁地使用某一个变量，就要不断地从内存中存取这个变量供 CPU 处理使用，这个存取的过程需要花费时间。

CPU 内部的寄存器 register 的速度比内存快得多，如果将变量的值存放于 CPU 内部的寄存器 register 中，将大大加快变量的存取速度。

因此，对于一些使用频繁的局部变量，C 语言允许将这样的变量定义为寄存器型变量，从而提高运算速度。

例如 register int i;表示将 i 定义为整型寄存器变量。

因为寄存器的数量是有限的，不能任意定义多个寄存器变量，只有当个别变量频繁参加运算时，才可以将其定义为寄存器变量。

需要注意的是，这里所讲的 auto 和 register 只能用来定义局部变量，这样的变量属于动态存储方式，只在函数运行期间存在，使用完即被释放。

7.3.2 静态存储方式

1. 用 static 声明局部变量

自动型的局部变量在函数调用结束后即消失，即其占用的存储单元就被释放。如果希望函数中的局部变量的值在函数调用结束后不消失而保留调用结束时的值，那么就可以将这样的局部变量定义为"静态局部变量"，用关键字 static 来声明。

实例 7-11 下面程序的输出结果是什么？

```c
int incent(int x)
{
    int y,z;
    y=0;
    y=y+1;
    z=x+y;
    return(z);
}
main()
{
    int i;
    for(i=0;i<5;i++)
    printf("%d ",incent(i));
}
```

解析： 在主函数 main 中有一个 for 循环，该循环共执行 5 次，当 i 为 0 的时候，循环执行一次，实参是 i，为 0，传送给形参 x，x 的值就为 0，y=y+1，y 的值为 1，z=x+y，z 的值为 1，将 z 返回给主函数，输出为 1，第一次循环执行完后，y 的值 1 释放，归位为 0；当 i 为 1 的时候，循环执行第二次，实参为 1，传送给形参 x，x 的值就为 1，y=y+1，y 的值为 1，z=x+y，z 的值为 2，将 z 返回给主函数，输出为 2；当 i 为 2 的时候，输出为 3，依此类推，输出结果为：

1 2 3 4 5

如果将 y 定义为静态局部变量，程序如下：

```c
int incent(int x)
{
    int z;
    static int y=0;
    y=y+1;
    z=x+y;
    return(z);
}
main()
{
    int i;
    for(i=0;i<5;i++)
    printf("%d ",incent(i));
}
```

那么输出结果是什么呢？

解析： 当 i=0 时，循环执行一次，输出 1，y 的值也为 1，因为是静态存储方式，所以没有释放，等待下一次调用；当 i=1 时，循环执行第二次，y 的值保持上次调用结束时的值 1，y=y+1，y 为 2，z=x+y，z 的值为 3；当 i=2 时，循环执行第三次，y 保留第二次调用结束时的值 2，y=y+1，y 为 3，z=x+y，z 的值为 5，依此类推，所以输出结果为：

```
1 3 5 7 9
```

这个例子说明，每次函数调用结束后静态局部变量能够保留调用结束后的值不变，留待下一次调用。

需要注意的是，虽然在函数调用结束后静态局部变量仍然存在，但是其他函数是不能调用静态局部变量的。

静态局部变量和动态局部变量的区别在于：

（1）静态局部变量属于静态存储类别，在静态存储区域内分配存储单元，在整个程序运行期间都不释放；而动态存储变量属于动态存储类别，在动态存储区域内分配存储单元，函数调用结束即释放。

（2）在定义静态局部变量时，如果不赋初值，系统自动赋值为 0 或空字符（对字符型变量）；而在定义动态局部变量时，如果不赋初始值，系统会给其赋一个不确定的值。

由于静态存储需要长期占据内存区域，降低了运行效率。程序的可读性也不好，因为每次调用时，都需要搞清楚当前值是什么，所以不提倡多用。

2. 用 static 声明全局变量

全局变量自定义开始，直到程序结束，自始至终存在，并可以被其他函数使用，所以全局变量是存储于静态存储区的，属于静态存储方式。

一个程序可以由几个文件组成，如果你希望某些全局变量只限于被某个文件使用，而不被其他文件使用，就得对其进行限制说明。

在定义全局变量时加一个 static 声明，就可以起到限制作用。这样定义的变量叫静态全局变量，就限制其只能被某个文件所使用，而不能被其他文件所使用。

例如：

```
file1.c                        /*文件 file1.c*/
static int x;
main()
{...}
file2.c                        /*文件 file2.c*/
{...}
```

上例中，x 是在函数外定义的，是全局变量，所以 x 可以被文件 file1.c 中的 main 函数所使用，但因为其用 static 声明为静态全局变量了，所以文件 file2.c 是不能使用变量 x 的。

在多人合作编写一个程序时，如果你担心自己文件中的变量被其他人误用，你就可以用 static 来声明，声明后的变量就不能被其他文件引用了。

3. 用 extern 声明全局变量

在 7.2 节的全局变量中曾讲过，全局变量的作用范围是从定义点开始到文件的末尾。在这个作用范围内，全局变量可以被程序中的各个函数所引用。但是在定义点之前，全局变量就不能被使用。

难道就没有办法使全局变量被定义点之前的函数使用吗？难道就没有办法使一个文件中定义的全局变量被其他文件使用了吗？

当然有，可以用关键字 extern 来声明全局变量，从而扩展全局变量的作用域。

实例 7-12　extern 使用实例。

下面是一个由两个文件 file1.c 和 file2.c 组成的程序。

文件 file1.c 的内容：

```
f1()
{
    extern n;                        /*全局变量 n 的声明*/
    long sum=0;
    int i;
    for(i=1;i<=n;i++)
    sum=sum+i;
    printf("1+2+3+4+…+%d=%ld\n",n,sum);
}
int n=100;                           /*全局变量 n 的定义*/
main()
{
    int i;
    printf("What do you want:\n");
    printf("1:1+2+3+4+5+…+100=?\n2:1*2*3*4*5*…*100=?\n");
    scanf("%d",&i);
    if(i==1) f1();
    else if(i==2) f2();
}
```

文件 file2.c 的内容：

```
extern int n;                        /*全局变量 n 的声明*/
f2()
{
    long sum=1;
    int i;
    for(i=1;i<=n;i++)
    sum=sum*i;
    printf("1*2*3*4*…*%d=%ld\n"n,sum);
}
```

在文件 file1.c 中，在函数 f1 后定义了全局变量 n。

在函数 f1 中，为了使用 n，多了一条声明语句 extern n;，表示 n 是一个在后面定义的全局变量，这样的声明之后，函数 f1 就可以使用变量 n 了。

在文件 file2.c 中，是否可以使用文件 file1.c 中定义的全局变量 n 呢？

如果需要使用其他文件中的全局变量，也需要用 extern 对其进行声明，声明以后就可以使用了。文件 file2.c 中的语句 extern n;就是对在文件 file1.c 中所定义的变量 n 进行的声明。

7.4　函数的作用范围

变量有内部变量（局部变量）和外部变量（全局变量）之分，其实函数也有内部函数和外部函数之分。有的函数只能被定义它的文件所使用，这样的函数称为内部函数；有的函数可以被其他文件所调用，这样的函数称为外部函数。

1. 内部函数

如何将一个函数定义为内部函数呢？

只需要在定义函数时在前面加关键字 static。

例如 static int fun(int a,int b);表示将函数 fun 定义为内部函数，这样的定义后，其他文件就不能使用函数 fun 了。

2. 外部函数

那么如何将一个函数定义为外部函数呢？

可以在定义函数时在前面加关键字 extern。

例如 extern float max(float x,float y);表示将函数 max 定义为外部函数。

没有声明的函数默认为外部函数，也就是说 extern 可以省略，以前所定义的很多函数都是外部函数。

那么如上定义后，在其他文件中就可以使用外部函数了吗？

与外部变量的使用类似，在需要调用此函数的文件中，也需要用 extern 声明所调用的函数属于外部函数，只有声明之后才能使用。

如何声明呢？

假如文件 file1.c 中有一个函数 f，已经定义为外部函数了：

```
extern long f(int x,int n);
```

如果需要在另一个文件 file2.c 中使用该函数 f，就需要在使用之前先声明：

```
extern long f(int x,int n);
```

这样声明以后就可以使用了。

其实在实际使用声明的时候，extern 常被省略，上例的声明可以写成：

```
long f(int x,int n);
```

这就是 7.1.4 节中所用过的函数的声明（函数原型）了。

7.5 宏定义和文件包含

7.5.1 宏定义

宏定义指令#define 用来定义一个标识符表示一个字符串，在其后的程序中，当遇到该标识符时，就用所定义的字符串替换它。这个标识符叫做宏替换名，替换过程叫宏替换。

使用宏定义的最大好处就是可以用简单易懂的标识符来表示比较复杂的字符序列，在编写程序的过程中，在每次需要使用复杂字符序列的地方可以使用定义过的标识符来表示。

1. 不带参数的宏定义

不带参数的宏定义的一般形式是：

```
#define  标识符  字符串
```

表示用指定的标识符代表一个字符串。

例如#define PI 3.1415926 表示用标识符 PI 来代替字符串"3.1415926"，在程序编译时，将该定义后的程序中所有出现的 PI 都用"3.1415926"来代替。

标识符 PI 就是"宏名"，在编译时将宏名 PI 替换成字符串"3.1415926"的过程称为"宏展开"。由于 PI 代表一个常量，所以 PI 又称为符号常量。

实例 7-13　下面这个程序的功能是：输入一个圆的半径，求出该圆的边长 L、面积 S、与该半径相同的球体体积 V。其中使用了宏定义，用标识符 PI 表示 3.1415926。

```
#define PI 3.1415926
main()
{
    float r,L,S,V;
    scanf("%f",&r);
    L=2*PI*r;
    S=PI*r*r;
    V=4*PI*r*r*r/3;
    printf("L=2*PI*r =%.1f,S=PI*r*r=%.1f,V=4*PI*r*r*r/3=%.1f\n",L,S,V);
}
```

如果输入 4，则输出为：

```
L=2*PI*r=25.1,S=PI*r*r=50.3,V=4*PI*r*r*r/3=150.8
```

通过上面这个例子可以看出，在程序中所有需要使用 3.1415926 的位置都用标识符 PI 表示，减少了重复书写字符串的麻烦。而且，如果想将程序中所有的 3.1415926 都修改成 3.14 时，并不需要逐个修改，而只需要对#define 命令行更改如下：

```
#define PI 3.14
```

就可以很方便地做到一改全改。

注意：

（1）宏名（即标识符名），一般用大写字母表示，但也可以用小写字母表示。

（2）在进行宏替换时，即用标识符代替字符时，并不做正确性检查，只是做简单的替换，如上例中将 3.1415926 写成了 3.1115926，系统照样替换，不会出现错误提示。

（3）宏定义的末尾没有分号。如果有，将作为字符串的一个部分处理。

（4）对程序中用双撇号括起来的字符串内的字符，即使与宏名相同，也不进行替换，如实例 7-13 中最后一行输出语句 printf 内的 PI 并没有被替换成 3.1415926。

（5）对于宏定义中的宏名，系统并不会为其分配内存空间。

#define 命令一般出现在程序的外面，宏名的有效范围一般为从定义点开始到本程序文件结束。如果想终止宏定义的作用域，可以用#undef 命令。例如：

```
#define PI 3.1415926
main()
{…}
#undef PI
f1()
{…}
```

在#undef 命令之后，PI 就不代表 3.1415926 了。

在一个程序中可以使用多个宏定义，而且可以引用以前定义过的宏名。参照实例 7-14。

实例 7-14

```
#define PR printf
#define NL "\n"
#define D "%d"
#define D1 D NL
main()
```

```
{
    int a=343;
    int b=456;
    PR(D1,a);
    PR(D1,b);
}
```

在程序之前有四个宏定义，PR 表示 printf，NL 表示"\n"，D 表示"\d"，D1 表示"%d\n"。在进行第四个宏定义时引用了第二个和第三个宏定义。

在实例 7-13 的例子中，用简单的字符来表示复杂的输出格式，从而有效地简化了程序。特别是对于需要大量输入输出语句的情况，这样做也减少了编程者的工作量。

2. 带参数的宏定义

请看下面这个程序段，它代表什么意思呢？

```
#define S(a,b) a+b
sum=S(5,6);
```

这个程序段中有一个宏定义，与第一部分所讲的宏定义不同的是，它带参数，称为带参数的宏定义。

该宏定义的意思是，宏名 S(a,b)表示"a+b"。

在以上的定义中，a 和 b 就是宏中的形参，程序语句中的 5 和 6 就是实际参数，在宏展开时，就使实际参数 5 和 6 代替宏定义中的字符串"a+b"中的 a 和 b，从而将 S(a,b)替换成 5+6，结果为 11，sum 的值就为 11。

实例 7-15

```
#define MAX(a,b) a>b?a:b
main()
{
    int x,y,max;
    printf("please input two numbers:\n");
    max=MAX(x,y);
    printf("max=%d\n",max);
}
```

如果从键盘输入的是 56 和 78，在对语句 max=MAX(x,y);进行宏展开时，找到#define 命令行中的 a>b?a:b，用实参 56 和 78 替换掉 a 和 b，为 56>78?56:78，计算结果为 78，所以 max 的值为 78，输出结果为：

```
max=78
```

请思考这样一个问题，如果有这样一条语句：

```
max=MAX(56+32,45+52);
```

宏展开后是什么呢？

也许你会认为是这样展开的：

```
max=(56+32)>(45+52)?(56+32):(45+52);
```

实际上，宏展开时只是进行简单的替换，展开后为：

```
max=56+32>45+52?56+32:45+52;
```

想一想：在这个例子中如何修改宏定义，宏展开后可以得到像 max=(56+32)>(45+52)?(56+32):(45+52);这样的结果呢？

带参数的宏和函数的使用有一定相似之处，有些问题既可以使用函数也可以使用带参数的宏来实现，但是宏一般用来表示简短的表达式，而复杂点儿的功能用函数来实现比较理想。

注意：宏定义和函数的主要区别为：

（1）宏展开只是简单的替换，直接将实参表达式带入形参，而函数调用时，一般先求出实参表达式的值，然后带入形参。

（2）宏名和宏的参数都不需要定义类型，而函数和它的参数都需要定义类型。

7.5.2　文件包含

前面讲到过，#include 命令可以将一些系统函数"包含"到本文件中来，如#include "math.h" 命令将数学函数库文件包含到程序中来；#include "stdio.h"命令将输入输出函数库文件包含进来；#include "string.h"命令将字符串处理函数文件包含到程序中来；……。

这些都称为文件包含，是指一个源文件可以将另外一个源文件的全部内容包含到本文件中，通常就是用#include 命令来实现的。

#include 命令使用的一般形式是：

```
#include "文件名"
```

或

```
#include <文件名>
```

在编写一些大型程序的过程中，如果编程人员经常需要使用一组固定的符号常量，则可以把这些宏定义命令组成一个文件，其他编程人员都可以用#include 命令将这个文件包含到自己写的源程序中，从而减少了重复定义的工作量。

实例 7-16　将圆周率和圆周长、面积、体积的公式都进行宏定义，并将这些命令保存为一个文件 file1.c。

文件 file1.c：

```
#define PI 3.1415926
#define L(r) 2*PI*r
#define S(r) PI*r*r
#define V(r) 4*PI*r*r*r/3
```

在需要的时候，编程人员可以在自己的源程序前使用#include 命令将这个文件包含进来，就可以很方便地使用这些宏定义了，如下：

```
#include "file1.c"
main()
{…}
```

如果几个人合作编写一个大型程序，每个人分工负责一个功能，则在最后汇总调试时，也可以使用#include 命令将各人的程序包含进来。

如小张源程序的文件名为 zhang.c，小李源程序的文件名为 li.c，小王源程序的文件名为 wang.c，则最后综合调试时，可以在小王的程序前将小张和小李二人的程序包含进来。

```
#include "zhang.c"
#include "li.c"
```

需要注意的是，在 TC 环境下调试时，需要先将需要包含进来的文件（如 zhang.c 和 li.c）拷贝到 TC 文件夹下的 include 文件夹中。

在 include 命令中，文件名可以用双撇号或尖括号括起来，如：

```
#include "file1.c"
```
或
```
#include <file1.c>
```

使用双撇号和尖括号有什么区别吗？

如果被包括的文件在 C 库函数头文件所在的目录中（在 TC 环境下，一般在 TC 文件夹下的 include 文件夹中），则使用尖括号。这样在编译时，系统直接从这个目录下查找到被包含文件来使用。

而如果被包括的文件在用户当前目录中，则应该使用双撇号，系统就会先在当前目录中查找被包含的文件，如果没有找到，则到头文件所在的目录中查找。

一般包含库文件时使用尖括号，如 math.h 文件、string.h 文件或 stdio.h 文件。

而使用用户自定义文件时，一般的路径在当前目录中，故使用双撇号。用户也可以在双撇号内直接给出文件的路径。

实训项目

实训 1：选择题

1. 为什么要使用函数呢？下面说法正确的是（　　）。
   A. 提高程序的执行效率　　　　　　　B. 提高程序的可读性
   C. 减少程序的篇幅　　　　　　　　　D. 减少程序文件所占的内存

2. 关于函数，以下说法不正确的是（　　）。
   A. 子函数只能被主函数所调用，子函数之间不能相互调用
   B. 函数可以实现自身调用
   C. 函数可以有返回值，也可以没有返回值
   D. 主函数不可以被其他函数所调用

3. 关于实参和形参，下列说法不正确的是（　　）。
   A. 实参和形参的数量必须一致，而且类型应该对应相同
   B. 在函数被调用时，将实参的值传递给形参，函数执行完毕后，改变后的形参值传递给实参
   C. 只有当函数被调用时，形参才被分配相应的存储单元
   D. 形参只能是变量，不能为常量或表达式，而实参不然，可以为常量、变量或表达式

4. 关于 return 语句，下列说法不正确的是（　　）。
   A. 函数中可以没有 return 语句
   B. 每个 return 语句每次只能带回一个确定的值
   C. return 语句后只能是变量，而不能是常量或表达式
   D. 返回值的类型应该和函数的类型一致

5. 关于变量的作用范围和存储类别，下列说法正确的是（　　）。
   A. 只能被一个函数使用的变量称为局部变量，可以被任意多个函数使用的变量称为全局变量

B. 当在一个函数中改变局部变量的值时，另外一个函数中所使用的就是改变后的变量的值

C. 关键字 static 只能用来将一个局部变量定义为"静态局部变量"，这样的变量的值在函数调用结束后，其中的数值并不释放，可以保留至下一次使用

D. 用 static 定义全局变量时，表示该变量只能被本函数所使用

实训 2：填空题

1. 以下程序的运行结果是_____。

```
main()
{
    int a=1,b=2,c;
    c=max(a,b);
    printf("max is %d\n",c);
}
max(int x,int y)
{
    int z;
    z=(x>y)?x:y;
    return(z);
}
```

2. 以下程序的运行结果是_____。

```
main()
{
    increment();
    increment();
    increment();
}
increment()
{
    int x=0;
    x+=1;
    printf("%d",x);
}
```

3. 以下程序的运行结果是_____。

```
main()
{
    int i=2,x=5,j=7;
    fun(j,6);
    printf("i=%d;j=%d;x=%d\n",i,j,x);
}
fun(int i,int j)
{
    int x=7;
    printf("i=%d;j=%d;x=%d\n",i,j,x);
}
```

4. 下面这个程序实现的功能是：输入一个四位数，输出这个四位数的逆序形式，如输入 4356，输出为 6534。请在下面程序的空白处填入合适的内容。

```
invert(int n)
{
    int num;
    int n1,n2,n3,n4;
    n1=n%10;
    n2=n/10%10;
    n3=_____;
    n4=n/1000;
    num=1000*n1+100*n2+10*n3+n4;
    return(_____);
}
main()
{
    int number,newnum;
    printf("Please input a number:\n");
    scanf("%d",&number);
    newnum=invert(_____);
    printf("The invertion of %d is %d\n",number,newnum);
}
```

5. 以下程序的功能是求三个数的最小公倍数，请在空白处填入合适的语句。

```
max(int x,int y,int z)
{
    if(x>y&&x>z) return(x);
    else if(_____) return(y);
    else return(z);
}
main()
{
    int x1,x2,x3,i=1,j,x0;
    printf("Input 3 numbers:\n");
    scanf("%d%d%d",&x1,&x2,&x3);
    x0=max(x1,x2,x3);
    while(1)
    {
        j=x0*i;
        if(_____) break;
        i=i+1;
    }
    printf("%d\n",j);
}
```

6. 若输入的值是-125，则以下程序的运行结果是_____。

```
#include "math.h"
main()
{ int   n;
    scanf("%d",&n);
    printf("%d=",n);
    if(n<0) printf("-");
    n=fabs(n);
```

```
    fun(n);
  }

  fun(int n)
  { int k,r;
    for(k=2;k<=sqrt(n),k++)
    { r=n%k;
      while(r==0)
      { printf("%d",k);
        n=n/k;
        if(n>1) printf("*");
        r=n%k;
      }
    }
    if(n!=1) printf("%d\n",n);
  }
```

实训 3：编程题

1．编写一个函数 power(x,y)，实现求 x^y 的结果。包含 y 正数时和负数时的情况。

2．编写一个函数，实现这样的功能：从键盘输入一个四位数，要求求出该数各位数的和，如输入 4345，求出和为 16，并将结果输出来。

3．编写一个函数，可以实现将任一二位十六进制数转化为十进制数，如输入 A2，则求出其所对应的十进制数为 162。

4．一个素数，当它的数字位置对换以后仍为素数，这样的数称为绝对素数。编写一个程序，求出所有的两位绝对素数。

5．编写一个函数，能够计算正整数的立方值。main 调用该函数，输出 1～10 的立方。

提高篇
——一些特殊的数据类型

在 C 语言中，有几个常用的基本数据类型，如整型、实型、字符型。基本类型的变量中只能存放一个数据值。但在实际使用的过程中，有时不仅仅需要一个变量，可能需要一组类型相同的相关联变量，或是需要一组类型不同的相关联对象。本篇将介绍几种特殊的数据类型：数组类型、指针类型、结构体类型、共用体类型。

本篇内容

第 8 章　数组

第 9 章　指针

第 10 章　结构体和共用体

第 8 章　数组

本章重点：

● 掌握一维数组的定义和使用
● 掌握二维数组的定义和使用
● 掌握字符数组的定义和使用，掌握常见的字符串处理函数

在前面学习了几种基本的数据类型：整型、实型、字符型，这些类型又称"简单类型"，都是由系统定义好的，用户可以直接使用，用于定义一个变量的类型。

除了这些基本的数据类型之外，用户还可以将基本的数据类型（整型、实型、字符型）按照一定的规则组合成一种新的数据类型，这样的类型称为 "构造类型"。

C 语言中常见的构造类型有：数组类型、结构体类型、共用体类型。

先从数组类型讲起。

假如现在需要使用一个长整型变量，用来存放一个人的学号，可以这样定义：

```
long num;
```

变量 num 对应 4 个字节长度的存储空间，可以用来存放一个长整型的数据。

num: □

假如现在需要五个这样的变量，用来存放五个人的学号，可以这样定义：

```
long num1,num2,num3,num4,num5;
```

这五个变量类型是相同的，都是 long 型，而且都是用来存储学号的，是有序的。在 C 语言中可以把这样一组类型相同且含义相同的变量定义为数组类型，如下：

```
long num[5];
```

表示定义了一个名为 num 的数组，这个数组里包含五个成员，这五个成员都是 long 类型，成员名分别是 num[0]、num[1]、num[2]、num[3]、num[4]，存储如下所示：

num[0]	num[1]	num[2]	num[3]	num[4]

这样具有相同数据类型的若干个有序数据的集合称为**数组**，数组有一个统一的名字，而且其中的元素都属于同一个数据类型。

数组可以分为一维数组、二维数组、字符数组。

8.1　一维数组

实例 8-1　现在有一个学生五门课的成绩数据{89.5,85,90,75.5,78}，需要统计总分和平均分。编程实现。

本节内容将围绕该案例进行讲解。

8.1.1　一维数组的定义

题中涉及到五个成绩数据，因为五个数据类型一致（都是实型），且含义相同（都是成绩数据），所以可以把这些数据定义为数组形式：

```
float score[5];
```

float 表示数组元素的类型都是实型，score 是数组的名字，5 表示其中包含五个元素，这五个元素分别为：score[0]，score[1]，score[2]，score[3]，score[4]。

由上可知，一维数组定义的一般形式是：

```
类型说明符　数组名[常量表达式];
```

例如：

int num[8];——定义了一个一维数组，名为 num，该数组中包含八个元素，都是整型；

float salary[12]; ——定义了一个一维数组，名为 salary，其中包含 12 个元素，都是实型。

注意：

（1）数组名的命名规则遵循标识符的命名规则。

（2）表示数组长度的常量表达式只能是常量或符号常量，不能是变量。

（3）在一维数组中，数组元素的下标从 0 开始，假如数组长度是 n，则数组的下标从 0 到 n-1。

8.1.2　一维数组的初始化

假设已经定义一维数组 score[5]为 float 类型，该如何给其赋一组初始值呢？

一种最直观、原始的方法是一个一个地依次赋值，如下：

```
score[0]=89.5;score[1]=85;score[2]=90;score[3]=75.5;score[4]=78;
```

也可以像以下这样一次赋值：

```
score[5]={89.5, 85, 90, 75.5, 78};
```

也可以在定义时直接赋值：

```
float score[ ]={89.5, 85, 90, 75.5, 78};
```

当给全部数组元素赋值时，数组的长度就可以省略，系统自动统计花括号中的数据个数，从而自动定义数组 score 的长度是 5。

现在有一个整型数组 a[10]，该数组中前两个元素的值为：a[0]=1，a[1]=2，其他元素的值都为 0，那么可以对数组 a 赋值如下：

```
int a[10]={1,2,0,0,0,0,0,0,0,0};
```

可以看到数组的后面 8 个元素都为 0，也可以省略不写 0，如：int a[10]={1,2};，系统自动将 1 和 2 两个值赋给前两个元素 a[0]和 a[1]，其余元素自动为 0。

如果希望使数组 a 的元素都为 0，则可以这样写：

```
int a[10]={0};
```

8.1.3　一维数组元素的引用

定义了数组 score 后，数组名 score 就表示这个数组整体。假如想使用数组的某个元素，就可以引用这个数组元素。如 score[0]表示数组中的第 0 个元素，score[2]表示数组中的第 2 个元素，score[i]表示数组中的第 i 个元素。需要强调的是，数组的下标是从 0 开始的。

数组元素的表示形式为：

数组名[下标]

实例 8-1 中，需要求数组元素之和以及平均值。定义变量 sum 表示和，定义变量 average 表示平均值。

求和：sum=score[0]+ score[1] + score[2] + score[3] + score[4];

如果求 100 个数组元素的和，上述求和方法显然不合适，可以用循环实现：

sum=0;
for(i=0;i<5;i++)
sum=sum+score[i];

求平均值：average=sum/5;

由上面的分析可以得知，实例 8-1 的完整程序如下：

```
main()
{
    float score[5]={89.5, 85, 90, 75.5, 78};
    float sum,average;
    int i;
    sum=0;
    for(i=0;i<5;i++)
    sum=sum+score[i];
    average=sum/5;
    printf("和：%f,平均值：%f",sum,average);
}
```

8.1.4 一维数组使用实训

实例 8-2 求最大值、最小值。

从键盘输入任意 10 个整数，求出这 10 个数的最大值和最小值。

解析：因为这里涉及到 10 个数，而且这 10 个数都是整数类型，所以可以把这 10 个数定义为一个数组，在此设数组名为 array，定义如下：

int array[10];

max 表示最大值，int 型，初值为 array[0]；min 表示最小值，int 型，初值为 array[0]。

使数组中的每个元素依次和 max 相比较，如果某个元素比 max 大，就将其值赋予 max，比较完后，max 中的值就是最大值。

使数组中的每个元素依次和 min 相比较，如果某个元素比 min 小，就将其值赋予 min，比较完后，min 中的值就是最小值：

```
for(i=0;i<10;i++)
{
    if(array[i]>max) max=array[i];
    if(array[i]<min) min=array[i];
}
```

最后将求得的结果输出来。

程序如下：

main()

```
{
    int array[10],i,max,min;
    printf("请输入任意 10 个整数:\n");
    for(i=0;i<10;i++)
    scanf("%d",&array[i]);
    max=array[0];
    min=array[0];
    for(i=0;i<10;i++)
    {
        if(array[i]>max) max=array[i];
        if(array[i]<min) min=array[i];
    }
    for(i=0;i<10;i++)
    printf("%4d",array[i]);
    printf("\n 最大值=%d, 最小值=%d\n",max,min);
}
```

实例 8-3   数组排序。

有一个长度为 8 的一维数组,存放的是八个整数{25,85,78,90,88,75,70,65},要求编写程序对该数组进行从大到小排序,并将排序前后的数组分别输出来。

解析:在此用选择法对该数组进行排序。选择法的思路是:

先使第 0 个数和第 1 个数进行比较,如果第 1 个数比第 0 个数大,将第 1 个数和第 0 个数交换;

将第 0 个数和第 2 个数进行比较,如果第 2 个数比第 0 个数大,将第 2 个数和第 0 个数交换;

将第 0 个数和第 3 个数进行比较,如果第 3 个数比第 0 个数大,将第 3 个数和第 0 个数交换;

……

第 1 遍比较完以后,第 0 个数就是最大的数了。此时数组中的值为:90,25,85,78,88,75,70,65。

然后使第 1 个数和第 2、3、4、5、6、7 个数依次比较,如果被比较的数比第 1 个数大,就将其和第 1 个数交换;第 2 遍比较完以后,第 1 个数就仅次于第 0 个数了。数组为:90,88,25,85,78,75,70,65。

然后使第 2 个数和第 3、4、5、6、7 个数依次比较,比较完的结果为:90,88,85,25,78,75,70,65。

依此类推,第 i 个数需要和第 i+1、i+2、…、7 个数进行比较。

程序如下:

```
main()
{   int score[8]={25,85,78,90,88,75,70,65};
    int t;
    int i,j;
    for(i=0;i<8;i++)
    for(j=i+1;j<8;j++)
    if(score[j]>score[i]) {t=score[j];score[j]=score[i];score[i]=t;}
    for(i=0;i<8;i++)
    printf("%4d\n",score[i]);
}
```

关于一维数组的具体实例应用,扫码看微课。

8.2 二维数组

实例 8-4 假设有四个学生，每个学生有五门课的成绩。数据如下：

89.5	85	90	75.5	78
85.5	80	65	60.6	68
55	81.5	67	62	66
87.5	85	96	93	69

要求对每门成绩减 20 分，编程实现。

这里涉及到四个学生，每个学生有五门课成绩，也就是说有四个长度为 5 的一维数组。可以定义四个长度为 5 的一维数组吗？

当然可以。不过定义四个一维数组是不是太烦了点儿呢？本节所学习的二维数组将帮你解决这个问题。

8.2.1 二维数组的定义

实例 8-4 中涉及的是一个 4 行 5 列的数据，可以把它定义为一个 4 行 5 列的二维数组，如下：

```
float score[4][5];
```

和一维数组的定义相似，float 表示数组元素的类型都是实型，score 是数组的名字，4 表示其中包含四行数据，5 表示每行有五个元素。这 4 行 5 列的元素排列如下：

```
score[0][0]  score[0][1]  score[0][2]  score[0][3]  score[0][4]
score[1][0]  score[1][1]  score[1][2]  score[1][3]  score[1][4]
score[2][0]  score[2][1]  score[2][2]  score[2][3]  score[2][4]
score[3][0]  score[3][1]  score[3][2]  score[3][3]  score[3][4]
```

数组元素 score[i][j]表示第 i 行第 j 列的元素。行和列的下标都是从 0 开始的。二维数组定义的一般形式是：

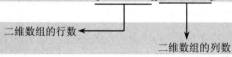

例如：

int num[5][3];——定义了一个二维数组，名为 num，该数组中包含 5 行 3 列共 15 个元素，都是整型。

float salary[2][5];——定义了一个二维数组，名为 salary，其中包含 2 行 5 列共 10 个元素，都是实型。

8.2.2 二维数组元素的初始化

定义好二维数组后，如何给这个 4 行 5 列的二维数组 score[4][5]赋予如下的初始值呢？

| 89.5 | 85 | 90 | 75.5 | 78 |
| 85.5 | 80 | 65 | 60.6 | 68 |

55	81.5	67	62	66
87.5	85	96	93	69

有如下几种方法可以实现对二维数组的初始化：

（1）分行赋值。

score[4][5]={{89.5,85,90,75.5,78},{85.5,80,65,60.6,68},{55,81.5,67,62,
66},{87.5,85,96,93,69}};

这样的赋值直观而且容易理解，将第一个大括号内的数据赋给第一行元素，第二个大括号内的数据赋给第二行元素，以此类推。

在按行方式赋值时，可以省掉行数 4，系统会自动统计其中大括号的个数而计算出行数为4，如下：

score[ ][5]={{89.5,85,90,75.5,78},{85.5,80,65,60.6,68},{55,81.5,67,62,
66},{87.5,85,96,93,69}};

（2）全部赋值。

score[4][5]={89.5,85,90,75.5,78,85.5,80,65,60.6,68,55,81.5,67,62,66,
87.5,85,96,93,69};

这样赋值时，系统会将大括号内的数据按行依次赋给各元素。但是看起来不太清晰，容易遗漏数据。

这样赋值时，也可以省掉行数 4，因为共有 20 个元素，共 5 列，系统能够计算出共有 4行，如下：

score[ ][5]={89.5,85,90,75.5,78,85.5,80,65,60.6,68,55,81.5,67,62,66,
87.5,85,96，93,69};

当给二维数组赋值时，如果其中 0 较多，不必将所有 0 都输出来，可以省掉部分 0。

例如，二维数组 a[3][3]的元素为：

1　2　0

0　0　0

0　0　0

可以这样赋值：int a[3][3]={1,2};，系统会自动将 1、2 赋给前两个元素 a[0][0]、a[0][1]，其余元素自动为 0。此时行数 3 不能省略。

也可以这样赋值：int a[ ][3]={{1,2},{ },{ }};，此时的行数 3 可以省略，因为系统会自动统计其中大括号的个数，得出行数为 3。

假如二维数组 a[3][3]的元素为：

1　0　0

0　2　0

1　3　0

可以这样分行赋值：

int a[ ][3]={{1},{0,2},{1,3}};

8.2.3　二维数组元素的引用

假如需要使用二维数组 score 中第 i 行第 j 列的元素，可以用 score[i][j]来表示。

二维数组元素的引用形式为：

如果你想给二维数组 score 的第 2 行第 3 列元素赋值 45，那么可以如下书写：

```
score[2][3]=45
```

如果你想给二维数组 score[4][5]中的所有元素都减 20，可以用循环来实现，如下：

```
for(i=0;i<4;i++)
    for(j=0;j<5;j++)
        score[i][j]=score[i][j]-20;
```

实例 8-4 的完整程序如下：

```
main()
{
    float score[4][5]={{89.5,85,90,75.5,78},{85.5,80,65,60.6,68},
    {55,81.5,67,62,66},{87.5,85,96,93,69}};
    int i,j;
    for(i=0;i<4;i++)
    for(j=0;j<5;j++)
    score[i][j]=score[i][j]-20;
    for(i=0;i<4;i++)
    {
        for(j=0;j<5;j++)
        printf("%6.1f",score[i][j]);
        printf("\n");
    }
}
```

8.2.4 二维数组使用实训

实例 8-5 有三个矩阵 a[3][4]、b[3][4]和 c[3][4]。

a 矩阵的内容为：　　　　　　b 矩阵的内容为：

```
3   4   5              12   11   13
4   6   7              10   14   15
5   2   9              19   20   22
```

矩阵 c 中的元素为 a 和 b 相应位置的元素和。编程实现。

解析：该题的意思是：

```
c[i][j]=a[i][j]+b[i][j];
```

程序如下：

```
main()
{
    int a[3][4]={3,4,5,4,6,7,5,2,9};
    int b[3][4]={12,11,13,10,14,15,19,20,22};
    int c[3][4],i,j;
    for(i=0;i<3;i++)
    for(j=0;j<4;j++)
    c[i][j]=a[i][j]+b[i][j];
```

```
    for(i=0;i<3;i++)
    {
        for(j=0;j<4;j++)
        printf("%4d",c[i][j]);
        printf("\n");
    }
}
```

实例 8-6　杨辉三角形的输出。

杨辉三角形为如下数列：

```
1
1    1
1    2    1
1    3    3    1
1    4    6    4    1
1    5    10   10   5    1
1    6    15   20   15   6    1
```

······

编程输出杨辉三角形的前 10 行。

解析：假设把杨辉三角形看成一个 10 行 10 列的二维数组，可以定义如下：

```
int a[10][10];
```

杨辉三角形数列的第 0 列和对角线数据都为 1，可以这样赋值：

```
for(i=0;i<10;i++)
{   a[i][0]=1;
    a[i][i]=1;
}
```

除了第 0 列和对角线元素之外的其他数据元素符合如下计算规则：

```
a[i][j]=a[i-1][j]+a[i-1][j-1];
```

输出时，只输出二维数组 a 主对角线的下方数据：

```
for(i=0;i<10;i++)
{   for(j=0;j<=i;j++)
    printf("%6d",a[i][j]);
    printf("\n");
}
```

完整程序为：

```
main( )
{   int a[10][10],i,j;
    for(i=0;i<10;i++)
    {   a[i][0]=1;
        a[i][i]=1;
    }
    for(i=0;i<10;i++)
    for(j=0;j<i;j++)
    a[i][j]=a[i-1][j]+a[i-1][j-1];
    for(i=0;i<10;i++)
    {   for(j=0;j<=i;j++)
```

```
            printf("%6d",a[i][j];
            printf("\n");
        }
    }
```

8.3 字符数组

如果一个数组中的数据都是字符类型，则该数组为字符数组。字符数组也分为一维数组和二维数组。

实例 8-7　有这样一组报文信息：Attack on the Island at seven clock this evening。编写一个程序，将该段报文进行转换，并输出原文和转换后的报文。转换规律如下：将其中的所有小写字母都转换为大写字母。

转换后的报文为：ATTACK ON THE ISLAND AT SEVEN CLOCK THIS EVENING。

解析：这里涉及到一组字符，应该定义其为字符数组，那么如何定义字符数组、如何实现字母大小写转换、又如何将这组字符输出来呢？且听详细道来。

8.3.1　字符数组的定义

字符数组的定义和前述的普通一维数组及二维数组的定义是类似的，需要指明数组的类型、数组的名字以及数组的长度。这是一组字符信息，所以定义其为字符类型的数组，设数组名为 yuanwen，长度为 100，定义形式如下：

```
char yuanwen[100];
```

char 就是用来定义字符数组的关键字。

因为转换后的报文也需要存放在数组中，设存放转换后报文的数组名为 miwen，长度也为 100，定义如下：

```
char miwen[100];
```

由上面的两个定义可以得知，字符数组的一般定义形式为：

```
char 数组名[常量表达式];
```

下面要考虑的问题就是如何将原文 Attack on the Island at seven clock this evening 赋给数组 yuanwen 了，也就是字符数组的初始化问题。

8.3.2　字符数组的初始化

给字符数组赋值有如下两种方式：

（1）逐个字符赋值。这种赋值方式和前面所讲的一维数组、二维数组赋值方式类似。

```
yuanwen[100]={'A','t','t','a','c','k',' ','o','n',' ','t','h','e',' ','T','s','l','a','n','d',' ','a','t',' ','s','e','v','e','n',' ','c','l','o','c','k',' ','t','h','i','s',' ','e','v','e','n','i','n','g'};
```

数组的长度为 100，但实际字符只有 48 个，初值个数小于数组长度，此时就将 48 个字符赋给前面的 48 个元素，后面自动为空字符 "\0"。

如果所赋的字符个数大于数组的长度会怎么样呢？比如说假定数组 yuanwen 的长度为 30，比实际长度 48 小，此时会按出错处理。

这种赋值方式虽然容易理解，但是比较烦琐。

（2）以字符串方式赋值。用字符串方式赋值就方便多了，如下：

```
yuanwen[100]={"Attack on the Island at seven clock this evening"};
```

也可以省略大括号，直接写成：

```
yuanwen[100]="Attack on the Island at seven clock this evening";
```

这样赋值后，不足部分自动填以空字符"\0"补齐。在输出的时候，系统依次输出各个字符，遇到"\0"，就表示输出到此结束了。

"\0"是字符串结束标志。

如果是定义时直接赋值，则写成如下这样的形式：

```
yuanwen[ ]="Attack on the Island at seven clock this evening";
```

系统会自动在最后加一个"\0"作为字符串结束标志。所以这样定义并赋值后，数组 yuanwen 的长度就为 49。

8.3.3　字符数组元素的使用

如果需要使用字符数组 a 中的第 0 个元素，可以用 a[0]表示；如果需要使用第 1 个元素，可以用 a[1]表示；如果使用第 i 个元素，可以用 a[i]表示。

对于实例 8-7，经过以上的赋值后，字符数组 yuanwen 中就有了初始值，下面需要对每个字符执行转换，将所有的小写字母转换为大写字母。

对于数组 yuanwen 中的每个数组元素，转换之前要依次对其进行判断，如果是小写字母便将其转换为大写字母，这是一个依次判断并执行转换的过程，可以用循环来实现。循环执行的条件是 yuanwen[i]!='\0'，当发现某个数组元素 yuanwen[i]为"\0"时，表示该数组结束了，循环终止。

将小写字母转换为大写字母就是将该字母的 ASCII 值减 32。

用程序段表示如下：

```
for(i=0;yuanwen[i]!='\0';i++)
    if(yuanwen[i]>='a'&&yuanwen[i]<='z')        /*判断是否为小写字母*/
    miwen[i]=yuanwen[i]-32;
    else miwen[i]=yuanwen[i];
    miwen[i]='\0';
```

8.3.4　字符数组的输出和输入

1. 字符数组的输出

实例 8-7 中需要将原文和转换后的内容输出来，该如何将字符数组中的字符输出来呢？有如下几种方法：

（1）逐个字符输出。%c 是字符格式符，用来以字符形式输入或输出一个字符。将原文 yuanwen[100]中的字符输出来，可以书写如下：

```
for(i=0;yuanwen[i]!='\0';i++)
    printf("%c",yuanwen[i]);
```

表示依次输出各个字符，直到遇到"\0"便终止输出。

输出转换后的数组 miwen[100]的程序段如下：

```
for(i=0;miwen[i]!='\0';i++)
    printf("%c",miwen[i]);
```

（2）一次性输出。%s 是字符串格式符，用来输入或输出一个字符串。

将原文输出来，可以书写如下：

```
printf("%s",yuwen);
```
用%s 格式输出时，这里是数组名，而不能写成某个数组元素

将转换后的数组 miwen 输出来，书写如下：

```
printf("%s",miwen);
```

以这种%s 方式输出时，无论输出的字符数组中有多少个字符元素，遇到第一个"\0"输出就终止，只能输出"\0"前面的内容。

综上所述，实例 8-7 的完整程序如下：

```
main()
{
    char yuanwen[100]="Attack on the island at seven clock this evening";
    char miwen[100];
    int i;
    for(i=0;yuanwen[i]!='\0';i++)
    if(yuanwen[i]>='a'&&yuanwen[i]<='z')
    miwen[i]=yuanwen[i]-32;
    else miwen[i]=yuanwen[i];
    miwen[i]='\0';
    for(i=0;yuanwen[i]!='\0';i++)
    printf("%c",yuanwen[i]);       这两行程序也可以写成 printf("%s",yuanwen);
    for(i=0;miwen[i]!='\0';i++)
    printf("%c",miwen[i]);         这两行程序也可以写成 printf("%s",miwen);
}
```

2. 字符数组的输入

实例 8-8 实例 8-7 的程序是对指定内容的一个字符数组（字符串）进行转换，如果现在从键盘输入任意一个字符串，实现将该字符串转换为大写字母输出来，该如何修改上述程序呢？

解析：在这个题目中，从键盘输入任意一个字符串，就是将实例 8-3 中对 yuanwen 的赋初值语句改为输入语句即可。

现在考虑的是如何向字符数组 yuanwen 中输入字符串，使用何种输入格式呢？

输入也有两种方法：

（1）逐个字符输入。用格式%c 实现。

```
for(i=0;yuanwen[i]!='\n';i++)
 scanf("%c",&yuanwen[i]);
```

输入时，从键盘敲入一组字符后，按回车键结束输入。

（2）一次性输入。用格式符%s 实现。

```
scanf("%s",yuanwen);
```
在数组名之前没有地址符&，数组的名字就代表数组的首地址，所以就不要加地址符了，如果加了地址符&会出错

从键盘输入一组字符后，系统将该组字符赋给数组 yuanwen，并在最后加一个"\0"作为字符串结束标志。

如从键盘输入"Attack"后，按回车键，系统将"Attack"送到字符数组 yuanwen 中，并在最后加"\0"，空白的区域全部填 0 补齐，如下：

A	t	t	a	c	k	\0	\0	\0	\0	\0	⋯

实例 8-8 的程序如下：

```
main()
{
    char yuanwen[100];
    char miwen[100];
    int i;
    scanf("%s",yuanwen);
    for(i=0;yuanwen[i]!='\0';i++)
    if(yuanwen[i]>='a'&&yuanwen[i]<='z')
    miwen[i]=yuanwen[i]-32;
    else miwen[i]=yuanwen[i];
    miwen[i]='\0';
    printf("%s\n",yuanwen);
    printf("%s",miwen);
}
```

8.3.5　常用的字符串处理函数介绍

字符串的使用比较广泛，比如将两个字符串连接起来、对两个字符串进行比较、将一个字符串拷贝到另一个字符串中等，C 语言提供了一些库函数用于实现类似的常见功能，下面详细介绍。

1.　puts 函数

该函数的功能是将字符串输出来，使用的一般形式是：

```
puts(字符数组);
```

例如：

```
char name[ ]="Wangping";
```

数组存放形式如下：

W	a	n	g	p	i	n	g	\0

```
puts(name);
```
　　　　　　　表示输出字符数组 name 中的所有字符，当遇到结束标志 "\0" 时停止输出，相当于 printf("%s",name);

输出结果是：

```
Wangping
```

2.　gets 函数

该函数的功能是向字符数组中输入一个字符串，使用的一般形式是：

```
gets(字符数组);
```

例如：

```
char name[10];
gets(name);
```
　　　　　　表示向字符数组 name 中输入一个字符串，假如从键盘输入 "dinghong"，则将该字符串送到 name 数组中，并自动在最后添加一个字符串结束标志 "\0"，即送给数组的是 9 个字符，相当于 scanf("%s",name);

3. strcat 函数

现在有两个字符串，一个用于存储姓的字符串 surname，一个用于存储名的字符串 firstname，定义如下：

```
char surname[15]="Zhang";
char firstname[ ]="Lei";
```

如果需要将这两个字符串连接起来，并将连接后的结果存放在 surname 中，则可以用 strcat 函数实现，表示如下：

```
strcat(surname,firstname);
```

连接前后的两个字符数组如下所示：

连接前：

surname:

Z	h	a	n	g		\0	\0	\0	\0	\0	\0	\0	\0	\0

firstname:

L	e	i	\0

连接后：

surname:

Z	h	a	n	g	L	e	i	\0	\0	\0	\0	\0	\0	\0

firstname:

L	e	i	\0

由上可知，连接后的结果放在 surname 数组中，数组 firstname 不变。

所以 strcat 函数使用的一般形式为：

```
strcat(字符数组 1,字符数组 2);
```

表示将字符数组 1 和字符数组 2 连接起来，将连接的结果放在字符数组 1 中，字符数组 2 保持不变。需要注意的是，由于字符数组 1 用于存放连接后的字符串，所以字符数组 1 的空间必须足够大，以便存放得下相连后的字符数组。

4. strcpy 函数

假定现在有两个字符数组 string1 和 string2，定义如下：

```
char string2[ ]="Very Good!";
char string1[15];
```

现在要把字符数组 string2 中的内容拷贝到字符数组 string1 中，可以用 strcpy 实现如下：

```
strcpy(string1,string2);
```

表示将字符数组 string2 中的内容拷贝到字符数组 string1 中，执行完后，字符数组 string1 中的内容就为字符串"Very Good!"了。

strcpy 函数使用的一般形式是：

```
strcpy(字符数组 1,字符数组 2);
```

表示将字符数组 2 中的内容拷贝到字符数组 1 中。

字符数组 2 可以是字符数组名，也可以是一个字符串常量，但是字符数组 1 不能是字符串常量，必须是一个数组名。

使用该函数需要注意的是，字符数组 1 的长度必须不小于字符数组 2 的长度，以便足够容纳被复制的字符串，复制时，字符串结束标志"\0"也一起复制过去。

对于两个字符串 string1 和 string2，如下赋值方式是不符合 C 语言的语法规则的：

```
string1=string2;
```
或
```
string1="Very Good!";
```
可以通过 strcpy 字符串拷贝函数实现上述赋值：
```
strcpy(string1,string2);
```
或
```
strcpy(string1,"Very Good!");
```
strcpy 函数还可以实现将一个字符串中的部分字符串复制到另外一个字符串中，如果想将字符串 string2 中的第 2 个到第 6 个字符复制到字符串 string1 中，可以表示如下：
```
strcpy(string1,string2,2,6);
```
这样的拷贝后，字符数组 string1 中的内容为"ry Go"。

5. strcmp 函数

该函数的功能是将两个字符串进行比较，如：
```
char string1[ ]="How do you do!";
char string2[ ]="How are you";
i=strcmp(string1,string2);
```
表示将字符串 string1 和字符串 string2 进行比较，并将比较得到的结果赋值给变量 i。

那么这两个字符串相比较，谁大谁小呢？

字符串比较的规则是这样的：对两个字符串自左至右逐个字符比较，当出现不同的字符时终止比较。如果全部相等，结果为 0；如果出现不同的字符，则结果以第一个不相同的字符比较结果为准。

如上述的 string1 和 string2 比较，第一个不相同的字符是 d 和 a，由于 d 大于 a，所以字符串 string1 大于字符串 string2。字符相比较时也就相当于比较其 ASCII 码。

当 string1 大于 string2 时，结果为一个正数；当 string1 等于 string2 时，结果是 0；当 string1 小于 string2 时，结果为一个负数。

strcmp 函数的一般形式是：
```
strcmp(字符数组 1,字符数组 2);
```
表示将字符数组 1 和字符数组 2 的内容进行比较，并得到一个比较结果。

6. strlen 函数

这个函数的功能是测量字符串的实际长度（不包括结束标志符"\0"）。例如：
```
char string[ ]="Good morning!"
i=strlen(string);
```
i 的值为字符串 string 的实际长度，为 13。

该函数的一般形式是：
```
strlen(字符数组);
```
表示测量字符数组的长度。

7. strlwr 函数

这个函数的功能是将字符串中的大写字母转换为小写字母。例如：
```
char string[ ]="Good morning!";
printf("%s",strlwr(string));
```
输出结果是字符串中的所有字符都是小写字母形式：
```
good morning!
```

该函数的一般形式是：

```
strlwr(字符数组);
```

表示将字符数组中的大写字母转换为小写字母。

8. strupr 函数

和 strlwr 函数的功能相反，strupr 函数的功能是将字符串中的小写字母转换为大写字母。例如：

```
char string[ ]= "Good morning!";
printf("%s",strupr(string));
```

输出结果都是大写字母形式：

```
GOOD MORNING!
```

该函数的一般形式是：

```
strupr(字符数组);
```

表示将字符数组中的小写字母转换为大写字母。

注意：在使用上述字符串处理函数的时候，需要在函数前加#include "string.h"，如果使用到 gets 和 puts 函数，则需要在程序前加#include "stdio.h"。

实例 8-9 字符串处理函数的综合应用。

从键盘输入任意两个字符串，要求统计出这两个字符串的长度，对两个字符串进行比较后输出两个字符串所对应的大写字母形式，并将两个字符串连接起来并输出。

程序如下：

```
#include "string.h"
#include "stdio.h"
main()
{
    char str1[200],str2[100];
    int len1,len2;
    clrscr();
    printf("请输入一个字符串 str1:\n");
    gets(str1);
    printf("请输入另一个字符串 str2:\n");
    gets(str2);
    len1=strlen(str1);
    len2=strlen(str2);
    printf("\n 字符串 str1 的长度是%d,字符串 str2 的长度是 %d\n",len1,len2);
    if(strcmp(str1,str2)>0) printf("\nstr1 大于 str2\n");
    else if(strcmp(str1,str2)==0) printf("\nstr1 等于 str2\n");
    else printf("\nstr1 小于 str2\n");
    printf("\nstr1:%s\nstr2:%s\n",strupr(str1),strupr(str2));
    puts(strcat(str1,str2));
}
```

8.4 数组编程实训

实例 8-10 一维数组的插入、删除。

现有一个从大到小排好序的成绩数组 score：98，92，89，85，81，80，78，75，70，63，

编写一个程序，能够对这个一维数组实现两种基本的操作：

（1）插入：从键盘输入一个待插入的成绩数值 score1 后，将输入的数按 score 的排序方式插入到其相应位置，插入后 score 的大小顺序不变。

解析：假定从键盘输入数值 87，如何将 87 插入后数组的顺序保持不变呢？

首先将 87 和第 0 个数组元素 score[0]比较，87 比 98 小；使 87 去和第 1 个数组元素 score[1]比较，87 比 92 小；使 87 去和第 2 个元素 score[2]比较，87 比 89 小；使 87 和 score[3]比较，发现 87 比 85 大，故将 score[3]及其以后的数组元素都依次后移，然后将 87 赋给 score[3]。

设成绩数组原来的实际长度为 n，若输入的数据 score1 小于最后一个数 score[n-1]，则将 score1 插在最后，即 score[n]=score1，插入后的数组实际长度为 n+1。

在此用一个函数来实现上述功能，函数名为 insert。由于需要插入，需要将数组长度定义得足够大，以便于存放插入后的数据，这里定义的数组 score 长度为 100，但是在数组中实际存放的数据长度为 n。

插入函数如下：

```
insert(score,n)
float score[];
int n;
{
    int i,j;
    float score1;
    scanf("%f",&score1);
    for(i=0;i<n;i++)
    if(score1>=score[i])
    {
        for(j=n-1;j>=i;j--)
        score[j+1]=score[j];
        score[i]=score1;
        break;
    }
    if(score1<score[n-1]) score[n]=score1;
    n++;
    for(i=0;i<n;i++)
    printf("%6.1f",score[i]);
}
```

（2）删除：删除指定的输入数据 score2，如果 score 内没有该数据，则出现提示"该数不存在!"。

对于删除，当输入一个数 score2 后，使 score2 依次和数组元素 score[0]、score[1]、score[2]、score[3]……等进行比较，如果发现某个数 score[i]和 score2 相等，则使 score[i+1]及其以后的所有数组元素前移一个位置。这样前移后，数组元素 score[i]中的值就会被后面的元素覆盖掉，从而达到删除的目的。找到数据删除后退出。

如果中途退出，则 i 值会小于 n；如果 i 值不小于 n，就表明已经查找到最后，且没有找到，则输出"该数不存在!"。

删除函数如下：

```
delete(score,n)
float score[];
```

```
int n;
{
    int i,j;
    float score2;
    scanf("%f",&score2);
    for(i=0;i<n;i++)
    if(score2==score[i])
    {
        for(j=i+1;j<n;j++)
        score[j-1]=score[j];
        n--;
        break;
    }
    if(i>=n) printf("该数不存在!");
    for(i=0;i<n;i++)
    printf("%6.1f",score[i]);
}
```

实例 8-10 完整的程序结构如下：

```
insert(score,n)
float score[];
int n;
{
    int i,j;
    float score1;
    scanf("%f",&score1);
    for(i=0;i<n;i++)
    if(score1>=score[i])
    {
        for(j=n-1;j>=i;j--)
        score[j+1]=score[j];
        score[i]=score1;
        break;
    }
    if(score1<score[n-1]) score[n]=score1;
    n++;
    for(i=0;i<n;i++)
    printf("%6.1f",score[i]);
}
    delete(score,n)
    float score[];
    int n;
    {
        int i,j;
        float score2;
        scanf("%f",&score2);
        for(i=0;i<n;i++)
        if(score2==score[i])
        {
            for(j=i+1;j<n;j++)
```

```
            score[j-1]=score[j];
            n--;
            break;
        }
    if(i>=n) printf("该数不存在!");
    for(i=0;i<n;i++)
    printf("%6.1f",score[i]);
}
main()
{
    float score[20]={98,92,89,85,81,80,78,75,70,63};
    int s;
    printf("选择功能:\n");
    printf("1:插入        2:删除\n");
    printf("请输入选择:\n");
    scanf("%d",&s);
    if(s==1) insert(score,10);
    else if(s==2) delete(score,10);
    else printf("输入有错!");
}
```

在上面这个程序中共包含三个函数：主函数 main、插入函数 insert、删除函数 delete。在插入函数中形式参数是数组名 score 和变量 n；在删除函数中形式参数是数组名 score 和变量 n；在主函数 main 中，实际参数是 score 和常量 10。

由上可知，数组名是可以作为函数的实参和形参的，在用数组名作为形参和实参时，形参和实参的类型应该一致。在函数调用时，因为是数组名作参数，数组名就代表数组的首地址，所以不是将实参数组元素的值传递给形参，而是将实参数组的首地址传递给形参，这样的话，形参和实参都指向了同一个数组的首地址，假如形参数组的内容改变，则实参数组的内容也随之改变，不需要使用 return 带回返回值了。

注意： 在上例中，形参数组的大小没有进行定义，这是允许的，只要有方括号表示这是数组就可以了。

实例 8-10 中，数组名可以作为形参和实参来使用，那么数组的元素是否可以作为实参和形参呢？请看实例 8-11。

实例 8-11 有一个一维的整型数组 array[5]={45，34，20，22，43}，判断其中的每个数组元素是否是素数。比如 45 不是素数，输出：45 不是素数；43 是素数，则输出：43 是素数。

解析： 判断某个数 number 是否为素数的方法如下：依次判断数 number 能否被 2、3、…、number 之间的数整除，如果能被某个数整除，则表明该数不是素数，输出"该数不是素数"，跳出循环，否则继续判断。如果发现其间没有数可以整除 number，则表明该数是素数。函数实现如下：

```
prime(number)
int number;
{
    int i;
    for(i=2;i<number;i++)
    if(number%i==0)
    {
```

```
            printf("%3d  不是素数\n",number);break;
        }
    else i++;
    if(i>=number) printf("%3d  是素数\n",number);
    printf("\n");
    }
```

在主函数中，对函数进行调用时，因为需要依次判断每个数组元素是否为素数，实参应该是数组元素，每个数组元素调用一次，共五个数组元素，共调用五次，用循环实现。

程序如下：

```
prime(number)
int number;
{
    int i;
    for(i=2;i<number;i++)
    if(number%i==0)
    {
        printf("%3d  不是素数\n",number);break;
    }
    else i++;
    if(i>=number) printf("%3d  是素数\n",number);
    printf("\n");
}
main()
{
    int array[5]={45,34,20,43,59};
    int i;
    clrscr();
    for(i=0;i<5;i++)
    prime(array[i]);
}
```

程序的输出结果为：

45 不是素数
34 不是素数
20 不是素数
43 是素数
59 是素数

实训项目

实训 1：选择题

1．以下对一维整型数组的定义中，正确的是（   ）。

A．int a(10);

B．int n=10,a[n];

C．int n;
　　scanf("%d",&n);
　　int a[n];

D．#define SIZE 10
　　int a[SIZE];

2. 以下对一维数组 s 的初始化，正确的是（　　　）。

    A．int a[10]=(0,0,0,0,0);　　　　　　　　B．int a[10]={ };

    C．int a[ ]={0};　　　　　　　　　　　　D．int a[10]={10*1};

3. 若有说明：int a[3][4];，则对 a 数组元素的非法引用是（　　　）。

    A．a[0][2*1]　　　　B．a[1][3]　　　　C．a[4-2][0]　　　　D．a[0][4]

4. 若有说明：int a[ ][3]={1,2,3,4,5,6,7};，则 a 数组第一维的大小是（　　　）。

    A．2　　　　　　　B．3　　　　　　　C．4　　　　　　　D．无确定值

5. 若二维数组 a 有 m 列，则在 a[i][j]前的元素个数为（　　　）。

    A．j*m+i　　　　　B．i*m+j　　　　　C．i*m+j-1　　　　D．i*m+j+1

6. 下面是对 s 的初始化，其中不正确的是（　　　）。

    A．char s[5]={"abc"};　　　　　　　　B．char s[5]={'a','b','c'};

    C．char s[5]="";　　　　　　　　　　　D．char s[5]="abcdef";

7. 有字符数组 a[80]和 b[80]，正确的输出语句是（　　　）。

    A．puts(a,b);　　　　　　　　　　　　B．printf("%s,%s",a[ ],b[ ]);

    C．putchar(a,b);　　　　　　　　　　　D．puts(a), puts(b);

8. 判断字符串 s1 是否大于字符串 s2，应当使用（　　　）。

    A．if(a==b)　　　　　　　　　　　　　B．if(strcmp(s1,s2))

    C．if(strcmp(s2,s1)>0)　　　　　　　　D．if(strcmp(s1,s2)>0)

9. 下述对 C 语言字符数组的描述中错误的是（　　　）。

    A．字符数组可以存放字符串

    B．字符数组的字符串可以整体输入、输出

    C．可以在赋值语句中通过赋值运算符"="对字符数组整体赋值

    D．不可以用关系运算符对字符数组中的字符串进行比较

10. 下面程序段的运行结果是（　　　）。

```
char c[ ]="\t\v\\\0will\n";
printf("%d",strlen(c));
```

    A．14　　　　　　　B．3

    C．9　　　　　　　　D．字符串中有非法字符，输出值不确定

实训 2：填空题

1. 下面程序的运行结果是_____。

```
main()
{
    int a[6], i;
    for(i=1;i<6;i++)
    {
        a[i]=i*5+1;
        printf("%4d",a[i]);
    }
}
```

2. 下面程序将二维数组 a 中行和列元素互换后存到另一个二维数组 b 中。请填空。

```
main()
{
    int a[2][3]={{1,2,3},{4,5,6}};
    int b[3][2],i,j;
    printf("array a:\n");
    for(i=0;i<2;i++)
    {
        for(j=0;j<_____;j++)
        {
            printf("%5d",a[i][j]);
            _____;
        }
        printf("\n");
    }
    printf("array b:\n");
    for(i=0;i<_____;i++)
    {
        for(j=0;j<2;j++)
        printf("%5d",b[i][j]);
        printf("\n");
    }
}
```

3. 下面程序的功能是：从键盘输入一行字符，统计其中有多少个单词，单词之间用空格分隔。在程序的空白处填入合适的内容。

```
main()
{
    char s[80],c1,c2=';
    int i=0,num=0;
    gets(s);
    while(s[i]!='\0')
    {
        c1=s[i];
        if(i==0) c2=';
        else c2=s[i-1];
        if(_____) num++;
        i++;
    }
    printf("There are %d words.\n",num);
}
```

4. 下面程序的功能是：将十进制整数转换成 n 进制。请在程序的空白处填入合适的内容。

```
main()
{
    int i=0,base,n,j,num[20];
    printf("Enter the data that will be converted:\n");
    scanf("%d",&n);
    printf("Enter the base:\n");
    scanf("%d",&base);
    do
```

```
        {
            i++;
            num[i]=n_____base;
            n=n_____base;
        }while(n!=0)
        printf("The data %d has been converted into the %d--base data:",n,base);
        for(_____)
        printf("    %d",num[j]);
    }
```

5. 当从键盘输入 18 并回车后，下面程序的运行结果是_____。

```
main()
{
    int x,y,i,a[8],j,u,v;
    scanf("%d",&x);
    y=x;
    i=0;
    do
    {
        u=y/2;
        a[i]=y%2;
        i++;
        y=u;
    }while(y>=1);
    for(j=i-1;j>=0;j--)
    printf("%d",a[j]);
}
```

实训 3：编程实训

1. 编写一个程序，实现如下功能：从键盘输入任意 10 个整数，分别求出这 10 个数的奇数之和及偶数之和。

2. 有一个二维数组，编写一个程序，求该二维数组两对角线的和。

该二维数组为：

34	12	15	10
78	9	0	87
80	19	100	21
45	23	35	43

3. 有五个字符串，编写一个程序，可以实现对五个字符串进行从大到小的排序。字符串由键盘输入。

4. 找出一个二维数组中的鞍点，即该位置上的元素在该行上最大，在该列上最小，也可能没有鞍点。

第9章　指针

本章重点:

- 掌握指针变量的定义和使用
- 掌握指向一维数组元素的指针的定义和使用
- 掌握指向二维数组的指针的定义和使用
- 掌握指向字符串的指针的定义和使用

在计算机中，存储器就相当于一个很大的数据存储仓库，这个仓库由很多的存储空间组成，一般把存储器中一个字节的存储空间称为一个存储单元，每个存储单元都有相应的地址编号。存储单元的编号也就是这个存储单元的地址。在程序运行时，系统会在存储器中为程序中的变量分配若干个字节的存储空间，这个存储空间的第一个存储字节编号就是该变量的地址。

如果需要使用某个变量，先要知道这个变量的地址，然后根据地址找到该变量。

这里要注意区分变量名、变量地址、变量内容三个概念。每个变量都有一个名字，每个变量在存储器中都占用若干个字节的存储空间，所占用的这个存储空间的起始单元编号就是该变量的地址，这个变量地址中所存放的数据就是变量内容。

如有这样一个定义:

char a='d';

表示定义了一个字符型变量，变量名为 a。假设计算机系统为这个变量在存储器中分配的地址单元编号为 1000，字符常量'd'就是这个存储单元中的内容，a 是这个存储单元的名字，1000 是这个存储单元的地址。

在访问存储单元时，可以按名访问，系统根据变量名找到其所对应的地址，然后从该地址单元中取出值，按要求进行计算。

变量的地址又叫变量的指针。如上例中，1000 就是变量 a 的指针。

因为变量的地址（指针）也是一个数值，所以可以把变量的地址（指针）存放到其他变量中。普通的变量中是不能存放变量的地址的。有一种特定类型的变量，专门用于存放其他变量的地址，**这种用于存放其他变量地址（指针）的变量叫指针变量**。指针变量有一个特点，就是它专门用来存放其他变量的指针（地址）。

那么如何将一个变量定义为指针变量呢？指针变量有什么用途呢？下面进行详细介绍。

9.1　指针变量的定义和使用

前面已经提及，变量的指针就是指变量的地址，用来存放其他变量地址（指针）的变量叫指针变量。

9.1.1　指针变量的定义

假如定义一个整型变量 a，在其中可以存放整型数据。定义如下：

```
int a;
```

如果定义一个指针变量 p，在其中可以存放整型变量的指针（地址），则可以像如下这样定义：

```
int *p;
```

p 是指针变量的名字，*表示该变量不是普通的变量，是指针类型的变量，专门用来存放变量的地址，int 表示指针变量 p 是用来存放整型变量的地址。

下面是几个定义指针变量的例子：

char *pch;——表示定义了一个指针变量 pch，存放字符型变量的地址

float *q;——表示定义了一个指针变量 q，存放实型变量的地址

int *pointer;——定义了一个指针变量 pointer，存放整型变量的地址

由上面的几个定义可以得知，指针类型变量定义的一般形式是：

```
基类型  *指针变量名;
        ↳ 表示指针变量所指向的变量的类型
```

定义时，"*"是必不可少的，表示这是一个指针类型的变量，其中存放的是其他变量的地址。

9.1.2　指针变量的初始化

有一个整型指针变量 p，如果要将整型变量 a 的地址存放到指针变量 p 中，可以用这样的赋值语句来实现：

```
p=&a;
```

&是地址运算符，&a 表示变量 a 的起始地址，p=&a 表示将 a 的地址赋给指针变量 p。此时指针变量 p 中存放的就是整型变量 a 的地址了，也称为 p 指向变量 a，关系如图 9-1 所示。

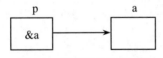

图 9-1　指针变量的初始化

如果整型变量 a 的地址是 2000，则 p 中的值就是 2000。

指针变量的初始化也可以在定义时实现：

int *p=&a;——表示将变量 a 的地址赋予指针变量 p。

这里需要注意的是，如果指针变量中存放某个变量的地址，常表达为指针变量指向该变量。

注意：赋值时，只能将地址值赋给指针变量，不能将普通的变量或数值赋给指针变量，如 p=100 是错误的赋值方法，指针的数据类型和它所指向的变量的数据类型是一致的。

9.1.3　指针变量的使用

1. 指针变量的引用

实例 9-1　请看下面的程序实例，输出结果是什么？

```
main()
{
    int a;
    int *pointer;
    pointer=&a;
    *pointer=34;
    printf("a=%d,*pointer=%d\n",a,*pointer);
}
```

解析： 语句 int *pointer;——表示定义了一个整型指针变量 pointer。

语句 pointer=&a;——表示将整型变量 a 的地址赋给 pointer，也称为使指针变量 pointer 指向整型变量 a，他们之间的关系如图 9-2 所示。

语句*pointer=34;——表示将整型常量 34 赋给指针变量 pointer 所指向的变量 a，所以 a 中的值就是 34。赋值后的 pointer 和 a 如图 9-3 所示。

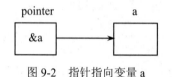

图 9-2　指针指向变量 a

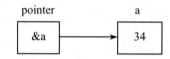

图 9-3　指针与赋值后的变量的关系

需要注意的是，在程序的第 3 行定义中，"*"表示该变量是一个指针变量；而在第 5 行使用中，"*"表示指针变量 pointer 所指向的变量。在本例中，pointer 是指向变量 a，所以*pointer 就相当于变量 a。

所以本例的输出结果为：a=34，*pointer=34。

实例 9-2　如果从键盘输入 34 和 54，下面这个程序的输出结果是什么？

```
main()
{
    int *p1,*p2,*p;
    int a,b;
    p1=&a;
    p2=&b;
    printf("请输入两个整数:\n");
    scanf("%d%d",p1,p2);
    if(a<b)
    {
        p=p1;p1=p2;p2=p;
    }
    printf("a=%d,b=%d\n",a,b);
    printf("*p1=%d,*p2=%d\n",*p1,*p2);
}
```

解析： 各变量的初始状态和对应关系如图 9-4 的交换前示意图。

第 6 行是一个输入语句，表示向指针变量 p1 和 p2 所指的变量中输入数值。由于 p1=&a、p2=&b，所以第 6 行语句也相当于 scanf("%d%d",&a,&b)。输入的数值为 34 和 54，则 a 中的值为 34，b 中的值为 54。

由于 34 小于 54，if 语句的条件成立，执行 if 后的复合语句。这个复合语句实现的功能是将 p1 和 p2 中的地址值交换，交换后 p1 中所存放的就是 b 的地址，而 p2 中所存放的就是 a

的地址。此时的*p1 就是指 b 的值 54，而*p2 就是指 a 的值 34。交换结束后，a 和 b 的值不变。

交换前后的各变量储值情况及指针指向情况如图 9-4 所示。

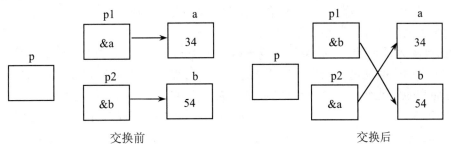

图 9-4 指针变量的使用

所以输出结果为：

```
a=34, b=54
*p1=54,*p2=34
```

2. 指针变量的运算

（1）地址运算符和指针运算符。前面的例子中涉及到这样两个运算符：&和*。

&：地址运算符，用于求地址。假如 a 是一个整型变量，则&a 表示整型变量 a 的地址。

*：指针运算符，用于表示地址单元中的值，如果 p 是一个指针变量，则 p 中的值就是某个变量的地址，则*p 表示的就是这个地址中的值。

&和*运算符的优先级相同，结合方向为自右而左。

实例 9-3 下面程序的结果是什么？

```
main()
{
    int a,b;
    int *p,*q;
    p=&a;
    q=&b;
    *p=3;
    *&b=4;
    printf("%d,%d,%d,%d",a,b,*p,*q);
}
```

解析：在程序开头定义了两个整型变量 a 和 b。

p=&a;——表示使指针 p 指向整型变量 a；

q=&b;——表示使指针 q 指向整型变量 b；

*p=3;——表示将整型常量 3 赋值给指针 p 指向的存储单元，因为 p 指向的是整型变量 a，所以也就相当于 a=3。

*&b 是什么意思呢？由于*和&两个运算符优先级相同，且自右至左结合，所以*&b 就相当于*(&b)，即 b 的地址中的值，其实也就是 b 本身，相当于 b=4，由于 q=&b，所以也相当于*q=4。

*p 表示 p 所指向的存储单元，即 a；*q 表示 q 所指向的存储单元，即 b，所以最后一行的输出结果为：3，4，3，4。

（2）指针的运算。指针是一个地址值，那么指针可以像普通变量那样参加算术运算或逻辑运算吗？

在 C 语言中，指针可以参加的运算有赋值运算、算术运算和关系运算。对于赋值运算，前面已经讲过，可以将一个变量的地址赋给具有相同数据类型的指针。

下面介绍另外两种指针可以参加的运算。

1）指针的算术运算。指针与整数的加减运算：假设 p 是一个指针类型的变量，那么 p 中的数据就是一个存储空间地址，则指针 p+1 表示下一个存储空间地址， p+n 就表示当前位置后的第 n 个存储空间的地址值。而 p-1 和 p-n 具有类似的意思。

2）指针间的关系运算。两个指针之间是可以进行各种关系运算的，两个指针之间的关系运算实际上也就表示它们所指向的变量的地址位置之间的关系运算。

假设 p1 和 p2 是两个具有相同类型的指针变量，p1>p2 表示 p1 所指向的存储单元的地址值大于 p2 所指向的存储单元的地址值。

这里的关系运算是对于具有相同数据类型的两个指针变量而言的，对于不同数据类型之间的指针或是指针和普通变量之间的运算是没有意义的。

3．指针变量作为函数参数

下面是一个指针变量作为函数参数的例子。

实例 9-4　实例 9-2 中实现的功能是对从键盘输入的两个数进行判断，如果第一个数比第二个数小，就将两个数调换位置。所以输出的两个数是按从大到小的顺序排列的。本例中改用函数实现该功能。

```
swap(int *p,int *q)                    /*交换功能函数 swap*/
{
    int s;
    s=*p;
    *p=*q;
    *q=s;
}
main()                                 /*主函数 main*/
{
    int *p1,*p2;
    int a,b;
    p1=&a;
    p2=&b;
    printf("请输入两个整数:\n");
    scanf("%d%d",p1,p2);
    if(a<b) swap(p1,p2);               /*调用函数 swap*/
    printf("%d,%d\n",a,b);
    printf("%d,%d\n",*p1,*p2);
}
```

解析：当程序执行时，先执行 main 函数，main 函数中有两个整型变量 a 和 b，指针变量 p1 和 p2 分别指向这两个整型变量。

首先向 p1 和 p2 所指向的变量中输入两个值，假如输入的是 45 和 65，则 a 中的值是 45，b 中的值是 65。

因为 a 小于 b，所以调用函数 swap，将两个实参 p1 和 p2 的值传递给了两个形参 p 和 q，因为 p1 中的值是 a 的地址，p2 中的值是 b 的地址，即 p1 和 p2 分别指向 a 和 b，所以形参 p

和 q 的值也就分别是 a 和 b 的地址，分别指向 a 和 b 了，如图 9-5 所示。

在 swap 函数中，实现的是将 p 和 q 所指向的两个值互换，交换完后，a 的值是 65，b 的值是 45，而 p 依旧指向 a，q 依旧指向 b。p1 依旧指向 a，p2 依旧指向 b，指向关系及值如图 9-6 所示。

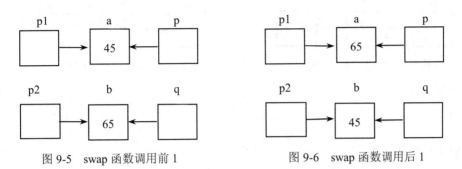

图 9-5　swap 函数调用前 1　　　　　图 9-6　swap 函数调用后 1

所以，当从键盘输入 45 和 65 时，输出结果为：

```
65,45
65,45
```

注意：在上例中，子函数 swap 中并没有 return 语句，就可以实现了 a、b 值的交换。是因为实参和形参是指针变量，在函数的调用中，实参传递给形参的是地址，在子函数中，使形参所指向的变量的值发生了变化，函数调用结束后，这些变化了的变量值依然保留了下来，从而在 main 中使用的就是这些已经改变了的变量值。

如果把实例 9-4 中的程序修改如下，结果又是什么呢？

```
swap(int *p,int *q)
{
    int *s;
    s=p;
    p=q;
    q=s;
}
main()
{
    int *p1,*p2;
    int a,b;
    p1=&a;
    p2=&b;
    printf("请输入两个整数:\n");
    scanf("%d%d",p1,p2);
    if(a<b) swap(p1,p2);
    printf("%d,%d\n",a,b);
    printf("%d,%d\n",*p1,*p2);
}
```

假定从键盘输入的仍是 45 和 65。

解析：main 函数中变量 a 和 b，以及指针变量 p1 和 p2 的关系如图 9-7 所示。

在子函数 swap 中，交换的是 p 和 q 的值，交换以后，p 中的值就是 b 的地址，q 中的值就是 a 的地址。a 和 b 中的值没变，p1 依旧指向 a，p2 依旧指向 b，如图 9-8 所示。

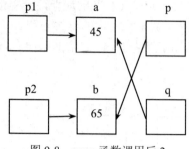

图 9-7　swap 函数调用前 2　　　　　　　图 9-8　swap 函数调用后 2

输出结果为：

45,65

45,65

9.1.4　指针变量使用实训

实例 9-5　编写一个程序，从键盘输入任意一个整数，输出该整数在内存中的存储地址。

解析：定义一个整型变量 a，并向其中输入一个整数。

系统是根据内存使用情况为变量随机分配存储空间的，每一次运行，变量在内存中所占用的存储空间都可能不一样，那么该如何输出变量 a 的地址呢？

前面学过，指针类型的变量可以存放其他变量的地址，现在定义一个整型指针变量 p，使 p 指向 a：p=&a;，现在输出 p 的值就是 a 的地址。

因为地址是一个比较大的数值，所以用长整型形式%ld 输出。

程序如下：

```
main()
{
    int number;
    int *pointer;
    pointer=&number;
    printf("请输入一个整数:\n");
    scanf("%d",pointer);
    printf("整数%d 的地址编号是%ld\n",number,pointer);
}
```

关于指针的具体实例应用，扫码看微课。

由于每次运行时，系统为变量 a 分配的内存单元不一样，所以每次运行该程序所得到的地址值也是不一样的。

9.2　指针和一维数组

指针变量也可以指向数组元素。

数组是由若干个相同类型的数据所组成的，在数组中，每个数组元素都对应一个存储空间，每个存储空间有其相应的地址。数组元素的指针也就是数组元素的地址。

9.2.1　指向数组元素的指针

一个一维整型数组 num[6]。数组中所有元素是依次存放的，假定数组的起始地址是 2000，存放形式如图 9-9 所示。

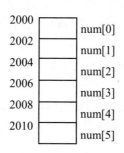

图 9-9　数组的存放形式

在存储器中，是以存储单元来编址的，每个存储单元对应一个地址。由于整数所占的存储器空间长度是 2 个字节，所以占两个存储单元，如果第一个数组元素 num[0]的开始地址为 2000，第二个数组元素 num[1]的开始地址就为 2002，第三个元素 num[2]的开始地址为 2004，依此类推，num[3]的起始地址为 2006，num[4]的起始地址为 2008，num[5]的起始地址为 2010。

定义一个整型指针变量如下：

```
int *p;
```

如何使指针变量 p 指向数组元素呢？

只要将 num[0]的地址赋给指针 p 即可：

```
p=&num[0];
```

赋值后，指针 p 中的内容就是地址 2000 了。指针 p 就指向数组 num 中的第一个元素 num[0]了。

在数组的表示中，数组名通常就表示数组的首地址，即数组中第一个元素的地址，如数组名 num 就表示该数组的首地址 2000，所以使指针指向第一个元素 num[0]也可以用如下的表达式表示：

```
p=num;
```

当然，也可以使指针 p 指向其他数组元素，指向 num[1]表示如下：

```
p=&num[1];
```

使指针 p 指向 num[2]表示如下：

```
p=&num[2];
```

依此类推，可以使指针 p 指向数组中的任一元素。

9.2.2　通过指针引用数组元素

假定现在指针 p 已经指向数组 num 的第一个元素 num[0]，如图 9-10 所示。

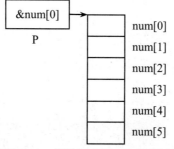

图 9-10　指针指向第一个数组元素

p+1 表示指针 p 当前所指数组元素的下一个元素地址，即 num[1]的地址；p+2 表示指针 p 当前所指数组元素之后的第二个元素地址，即 num[2]的地址；p+i 表示指针 p 当前所指数组元素之后的第 i 个元素地址。

既然 p+i 表示指针 p 当前所指数组元素之后的第 i 个元素地址，则第 i 个数组元素可以表示为*(p+i);。

因为数组名 num 也代表数组首元素的地址，p 和 num 是等价的，所以数组第 i 个元素的地址可以表示为 num+i，数组第 i 个元素可以表示为*(num+i)。

小结：
（1）数组 num 中第 i 个元素的地址有如下几个表示形式：p+i、num+i、&num[i]、&p[i]。
（2）数组 num 中第 i 个元素可以有如下几个表示形式：p[i]、num[i]、*(p+i)、*(num+i)。

9.2.3 数组和指针使用实训

实例 9-6 假如有一个学生五门课的成绩数据为{89.5，85，90，75.5，78}，现在需要将每门课的成绩加 20 分。编程实现。

将学生成绩定义为一个数组，名为 score，包含五个元素，定义一个指针变量 p_score，使其指向数组 score。如下所示：

```
float score[5];
float *p_score;
p_score=score;
```

指针 p_score 指向数组 score 的首地址，如图 9-11 所示。

现在，可以用指针来表示数组中的各元素了，数组元素 score[i]可以用指针表示为：*(p_score+i)。

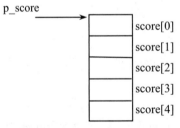

图 9-11　指针指向首地址

程序如下：

```
main()
{
    float score[5]={89.5,85,90,75.5,78};
    int *p_score;
    int i;
    p_score=score;
    for(i=0;i<5;i++)
    *(p_score+i)=*(p_score+i)+20;
```

```
    for(i=0;i<5;i++)
    printf("%f",*(p_score+i));
}
```

因为开始的时候 p_score=score，p_score 和数组名 score 都表示数组的首地址，所以可以将该程序中的 p_score 改用 score 来表示。

指针是可以移动的，p_score=p_score+1 就可以使指针 p_score 移动并指向下一个数组元素 score[1]，此时的*p_score 就表示数组元素 score[1]，依此类推。

表达式 p_score=p_score+1 也可以表示成 p_score++，所以程序也可以改写如下：

```
main()
{
    float score[5]={89.5,85,90,75.5,78};
    int *p_score;
    int i;
    for(p_score=score;p_score<=&score[4];p_score++)
    *p_score=*p_score+20;
    for(p_score=score;p_score<=score[4];p_score++)
    printf("%f",*p_score);
}
```

在这个程序中，&score[4]表示数组元素 score[4]的地址，也可以表示为 score+4，所以上面程序还可以改写如下：

```
main()
{
    float score[5]={89.5,85,90,75.5,78};
    int *p_score;
    int i;
    for(p_score=score;p_score<=score+4;p_score++)
    *p_score=*p_score+20;
    for(p_score=score;p_score<=score+4;p_score++)
    printf("%f",*p_score);
}
```

需要注意的是，在上面的程序中，for 循环中的&score[4]可以表示成 score+4，但是不可以改写成 p_score+4。为什么呢？因为在这个过程中，p_score++表示使指针 p_score 不断下移，p_score 的指向在不断变化，所以不能用 p_score+4 表示 score[4]的地址。

那么是否可以将这个程序中的 p_score++改写成 score++呢？不可以，因为数组名 score 代表数组的首地址，是固定不变的，不能用 score++使之下移。

指针是可以移动的，在移动过程中，指针并不能自动回到某个位置，如果希望指针重新回到数组的起始位置，就要使指针重新指向数组的开始位置，用表达式"p_score=score;"来实现，所以在以上程序的第二个 for 语句中，如果省略 p_score=score，结果将出错。

注意以下几个表达式的区别：

（1）*p++: 等价于*(p++)，表示先得到 p 指向的变量的值，然后使指针 p 加 1 指向下一个元素。

（2）*(++p): 表示先使指针 p 下移，指向下一个元素，然后取其所指向的变量的值。

（3）(*p)++: 表示先取 p 所指向的变量的值，然后使这个值加 1。

9.3　指针和二维数组

和指向一维数组的指针相比，指向二维数组的指针稍微复杂点。

9.3.1　二维数组元素的地址

先来了解一下二维数组的存储情况。

假设有一个二维数组 a，它的定义和赋初值情况如下：

```
int a[3][4]={{2,1,3,5},{6,12,11,19},{45,13,9,8}};
```

这个二维数组也可以看成由三个一维数组所组成，即一维数组 a[0]、a[1]、a[2]，这三个一维数组的长度都为 4，一维数组 a[0]中包含的四个元素为 a[0][0]、a[0][1]、a[0][2]、a[0][3]，对应的值为{2,1,3,5}；一维数组 a[1]中包含的四个元素为 a[1][0]、a[1][1]、a[1][2]、a[1][3]，对应的值为{6,12,11,19}；一维数组 a[2]中包含的四个元素为 a[2][0]、a[2][1]、a[2][2]、a[2][3]，对应的值为{45,13,9,8}，如图 9-12 所示。

a[0]	2	1	3	5
a[1]	6	12	11	19
a[2]	45	13	9	8

图 9-12　二维数组

二维数组的名字 a 表示二维数组的首地址，即二维数组中第 0 行元素的首地址，a+1 表示第 1 行元素的首地址，a+2 表示第 2 行元素的首地址。

第 1 个结论：对于二维数组 a[n][m]，数组名 a 表示其首地址，a+i 表示第 i 行元素的首地址。

你是否还记得，在一维数组中，一维数组的名字可以用来表示一维数组的首地址。同样，在此，一维数组名 a[0]表示第 0 行数组的首地址，即第 0 行第 0 个元素 a[0][0]的地址，而 a[0][0]的地址也可以表示为&a[0][0]，a[0]也可以表示为*(a+0)，即*a。

依此类推，a[1]表示第 1 行首地址，即第 1 行第 0 个元素的地址，还可以表示为&a[1][0]，还可以表示为*(a+1)。a[2]表示第 2 行首地址，即第 2 行第 0 个元素的地址，可以表示为&a[2][0]，还可以表示为*(a+2)。

第 2 个结论：在二维数组 a[n][m]中，第 i 行首地址的表示方法有：a[i]、*(a+i)、&a[i][0]。

第 3 个结论：在二维数组 a[n][m]中，第 i 行第 j 列元素的地址可以表示为：a[i]+j、*(a+i)+j、&a[i][j]。

第 1 行第 0 个元素的地址为 a[1]，因为第 2 个元素在第 0 个元素之后的第 2 个位置，则第 2 个元素可以表示为 a[1]+2，又因为 a[1]也可以表示为*(a+1)，所以该地址也可以表示为*(a+1)+2，由于第 1 行的第 2 个元素可以表示为 a[1][2]，所以其地址还可以表示为&a[1][2]。

第 4 个结论：在二维数组 a[n][m]中，第 i 行第 j 列元素的值可以表示为：*(a[i]+j)、*(*(a+i)+j)、*&a[i][j]。*&a[i][j]也就是 a[i][j]。

"*"表示取该地址中所对应的值。

9.3.2 指向二维数组元素的指针变量

有一个指针变量 p，定义如下：

```
int *p;
```

有一个二维数组 a，定义和赋初值如下：

```
int a[3][3]={{4,3,5},{54,11,8},{9,14,2}};
```

p=a[0];——表示使指针 p 指向二维数组 a。具体地说，就是指向二维数组 a 的第 0 行第 0 列元素 4，如图 9-13 所示。

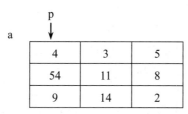

图 9-13   指向二维数组的指针

此时，p+1 表示指针移向下一个元素 a[0][1]，即 3。如果再次使 p+1，指针继续移向下一个元素 a[0][2]。指针 p 所指向的元素中的值可以表示为*p。

如果使指针变量 p 来输出数组中的所有元素，可以表示如下：

```
main()
{
    int a[3][3]={{4,3,5},{54,11,8},{9,14,2}};
    int *p;
    for(p=a[0];p<=&a[2][2];p++)
    printf("%4d",*p);
}
```

p<=&a[2][2]表示循环继续的条件，因为指针变量不断地加 1 后移，当发现 p<=&a[2][2]这个条件不成立时，表示指针已经移过了数组的最后一个元素 a[2][2]，输出停止。

如果想输出第 i 行第 j 列元素的值，用指针 p 来表示，如何表示呢？

因为 p 指向的是第 0 行第 0 列元素的地址，第 i 行第 j 列元素的地址用 p 表示为 p+i*3+j；3 是二维数组的列宽，则输出语句可以表示为：

```
printf("%d",*(p+i*3+j));
```

9.3.3 指向二维数组的行指针变量

普通的指针变量是指向某个变量的，用来存放某个变量的地址。而有一种指针变量是用来指向某一行元素，即一维数组，这种变量称为行指针变量。这样的变量只能指向某一行包含若干个元素的一维数组，而不能具体指向某一个数组元素。

如图 9-14 所示，指针 p 就是一个行指针变量，用来指向二维数组 a 中的每一行的一维数组。

那么如何将一个指针变量 p 定义为指向一行元素的行指针变量呢？

例如：将 p 定义为一个指向包含三个元素的一维数组的行指针变量，定义语句如下：

```
int (*p)[3];
```

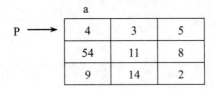

图 9-14　行指针变量

如果有赋值语句"p=a;"，就表示使行指针 p 指向了二维数组 a 的第 0 行数组。p=p+1 表示 p 指向第 1 行数组，p=p+2 表示 p 指向第 2 行数组，p=p+i 表示行指针变量 p 指向了第 i 行数组。

p+i 也表示第 i 行的首地址。

对于二维数组 a[n][m]，数组名 a 表示其首地址，a+i 表示第 i 行元素的首地址。所以，如果行指针变量 p 指向数组 a，p+i 和 a+i 都表示第 i 行首地址。

第 i 行第 j 列地址如何表示呢？

可以表示为 p[i]+j 或者表示为*(p+i)+j，用数组名表示为：*(a+i)+j。

则第 i 行第 j 列元素用 p 表示为*(*(p+i)+j)，用数组名表示为：*(*(a+i)+j)。

9.3.4　二维数组的使用实训

实例 9-7　某军训小组有 20 人，按照高矮顺序排列成一个 4 行 5 列的队列。队列如下，其中数字表示该学生的学号。

```
16    11    6     2     14
13    3     1     17    8
4     19    5     20    10
6     9     12    15    7
```

现在需要从中随机抽取五个人组成一个突击小分队，这五个人是随机点的。

点到某人，该人便出列，放置在另外一个一维数组 b[5]中，并将原位置数值设置为 0。直到点满五个人为止。

编写一个程序，实现该功能：从键盘输入一人的学号时，可将该学号从原队列中清除并添加到数组 b[5]中。

解析：定义原队列为一个 4 行 5 列的二维数组 a[4][5]，使指针变量 p 指向该二维数组。

第 1 次点名时，假如点到 20 号，需要从 p 所指向的第 0 行第 0 个元素开始，将每个数组元素和点到的学号依次进行比较，若某个数组元素*p 和 20 相等，说明点的就是这个人，将 20 赋给 b[0]，并将该数组元素*p 所在的单元清零。

第 2 次点名，……，将点到的学号赋给 b[1]并清零。

第 3 次点名，……，将点到的学号赋给 b[2]并清零。

第 4 次点名，……，将点到的学号赋给 b[3]并清零。

第 5 次点名，……，将点到的学号赋给 b[4]并清零。

因为需要点名五次，所以用一个循环来实现。

点完名后，输出数组 a 和 b。

用程序实现如下：

```
main()
{   int a[4][5]={16,11,6,2,14,13,3,1,17,8,4,19,5,20,10,6,9,12,15,7};
    int number,b[5]={0};
    int i,c,d;
    int *p;
    for(i=0;i<5;i++)
    {
        printf("请输入点名学号:\n");
        scanf("%d",&number);
        for(p=a[0];p<a[0]+20;p++)
        if(*p==number)
        {
            b[i]=*p;
            *p=0;
            break;
        }
        for(c=0;c<4;i++)
        {
            for(d=0;d<5;d++)
            {
                printf("%4d",a[c][d]);
                printf("\n");
            }
            for(i=0;i<5;i++)
            printf("%4d",b[i]);
        }
    }
}
```

9.4　指针和字符串

　　字符串是被当作字符数组来处理的，在内存中开辟了一个字符数组用来存储字符串，所以指针也可以指向字符串。

9.4.1　字符串的地址

　　有一个字符串 s，定义和赋值情况如下：

`char s[ ]="See you"`

　　将字符串"See you"存储在字符数组 s 中，s 是该数组的名字。在一维数组和二维数组中，数组名都表示数组的首元素的地址。同样的道理，这里的字符数组名 s 也表示字符数组的首元素的地址，即第一个字符的地址，如图 9-15 所示。

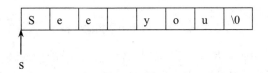

图 9-15　字符数组

s+1 表示第 1 个数组元素 e 的地址，s+2 表示第 2 个数组元素 e 的地址，s+3 表示第 3 个数组元素空格的地址，依此类推，可以用 s+i 来表示第 i 个数组元素的地址，*(s+i)则表示第 i 个元素的值。

实例 9-8 编写一个程序，统计其中英文字符的个数。

解析： 假如有一个字符串存放在字符数组 input 中，数组名 input 同时也表示该字符串的首地址。

定义 n，用来表示统计的英文字符的个数，n 的初始值为 0。

依次判断*(input+0)、*(input+1)、*(input+2)、*(input+3)等是否是英文字符，如果是，则使 n 加 1；如果不是，继续判断下一个。

如何判断*(input+i)是否英文字符呢？

用这样的判断语句实现：

```
if(*(input+i)<='z'&&*(input+i)>='a'||*(input+i)<='Z'&&*(input+i)>='A')
```

程序如下：

```
main()
{
    char input[]="As young man,we should have great idea!";
    int i;
    int n;
    n=0;
    for(i=0;*(input+i)!='\0';i++)
    if(*(input+i)<='Z'&&*(input+i)>='A'||*(input+i)<='z'
    &&*(input+i)>='a') n++;
    printf("%d",n);
}
```

9.4.2 指向字符串的字符指针变量

先定义一个字符指针变量 p，如下：

```
char *p;
```

使字符指针变量 p 指向实例 9-8 中的数组 input：

```
p=input;
```

这样的定义和赋值后，字符指针变量 p 就指向了字符串 input。

其实，也可以在定义时直接使一个字符指针变量 p 指向字符串，如下：

```
char *p="As young man,we should have great idea!";
```

字符指针变量 p 就指向了该字符串的第一个元素，如图 9-16 所示。

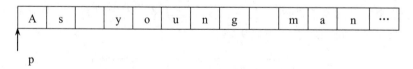

图 9-16　字符指针变量指向字符串

需要提醒的是：这里的 p 只是一个字符型指针变量，只能指向某一个字符变量，如果使 p 指向一个字符串，就表示使 p 指向该字符串的首元素。当指针变量 p 指向一个字符串时，是可以用 p++或 p--来使指针 p 向前移动指向前一个字符元素或向后移动指向后一个字符元素的。

实例 9-8 改用指针变量实现如下：

```
main()
{
    char *p="As young man,we should have great idea!";
    int n;
    n=0;
    for(;*p!='\0';p++)
    if(*p<='Z'&&*p>='A'||*p<='z'&&*p>='a')
    n++;
    printf("%d",n);
}
```

9.4.3　字符指针变量使用实训：字数统计

实例 9-8 是统计一个字符串中所包含的字符数。在实际的应用过程中，我们常常需要对一段文字中所包含的单词数进行统计，该如何统计呢？

实例 9-9　字数统计功能的实现。

输入一段字符，要求能够对其中所包含的单词数量进行统计。

解析：要统计一篇文章中的单词数，首先要解决的问题是：什么样的字符构成可以称为单词？如何来判断一个单词？

有一段名为 string 的文字如下：

Long long ago,a girl lived in a castle lonely.

现在要求对其中的单词数进行统计。

用 number 表示单词的个数，number 的初始值为 0。设一个标志变量 sign，使之初始值为 0。

在一段文字中，单词的特点是，单词和单词之间用空格分隔开。

依次对每个字符 string[i]进行判断，如果发现 string 是空格的话，使标志值 sign 为 0，表示此时没有单词。如果发现 string[i]不是空格，而且 sign 为 0，表示 string[i]前面的字符是空格，表明从 string[i]开始是一个单词，使 number 加 1，sign 的值变为 1；如果 string[i]不是空格，而且 sign 为 1，表示 string[i]前面不是空格，表示此时仍是原来单词的继续，number 不再加 1。依此类推，实现对每一个字符进行判断。

这里的变量 sign 是一个标志变量，如果 sign 是 0，表明前面是空格，如果此时的 string[i]是空格，表明没有单词开始；如果 string[i]不是空格，则表明此时一个单词开始了，就使 number 加 1，将 sign 置 1。

当判断 string[i]为 "\0" 时，表明字符串结束了，统计也就结束了。

程序如下：

```
#include"string.h"
number(char *string)
{
    int number,sign;
    number=0;
    sign=0;
    for(;*string!='\0';string++)
    {
        if(*string==") sign=0;
        else if(sign==0)
        {
            number++;
```

```
            sign=1;
        }
    }
        return(number);
}
main()
{
    char p[100];
    int num;
    printf("Please input a p:\n");
    scanf("%s",p);
    num=number(p);
    printf("There are %d words in this paragraph!",num);
}
```

在上面这个程序中，包含一个主函数 main 和一个子函数 number，子函数用来实现统计功能。实参是字符数组 p，形参是字符指针变量 string，在调用时，将实参数组 p 的首地址传给形参 string，string 也就指向了字符数组 p。假如输入的是如下字符串：

Long long ago,a girl lived in a castle lonely.

则输出结果为：

There are 10 words in this paragraph!

9.5　几种特殊的指针类型

若干个整型变量的有序组合可以构成一个整型数组，若干个实型变量的有序组合可以构成一个实型数组，若干个字符变量的有序组合可以构成一个字符数组。

同样的道理，具有相同类型的指针变量集合起来，可以构成指针数组，在指针数组中，所有的数组元素都是指针，也就是说所有的数组元素都是用来存放其他变量的地址的。

指针可以指向普通的变量，如整型变量、实型变量、字符型变量；也可以指向数组，如一维数组、二维数组、字符数组（字符串）。

指针也可以指向一个函数，还可以指向另一个指针，前者称为指向函数的指针，后者称为指向指针的指针。

下面详细介绍指针数组、指向函数的指针、指向指针的指针的概念。

9.5.1　指针数组

1．指针数组的概念和定义

如果需要定义一个数组 pointer，其中包含八个数组元素，每个数组元素都是指针类型，都是用来指向整数类型的指针。该如何定义呢？

定义如下：

int *pointer[8];

和普通数组定义的区别之处仅仅是在数组名前加"*"，表明这个数组中的元素都是指向整型变量的指针。

一维指针数组的定义形式为：

类型标识　*数组名[数组长度];

2．指针数组的使用实训

实例 9-10　编写一个姓名排序系统，输入一组人名后，能够按照姓名的字母顺序进行排序，并将排序的结果输出来。

解析：每个人的名字都是由若干个字符组成的，本程序中涉及到若干个人名，按照传统的定义方法，应该定义为一个二维的字符数组，二维数组的每一行表示一个人名。

如果要定义为二维数组，二维数组有一个特点，每一行的长度是一样的，即具有相同的列数。而实际上，每个人的名字不可能是长度相等的，这样就存在很多单元空余，从而浪费了存储空间，如图 9-17 所示。

C	l	i	n	t	o	n	\0								
M	i	c	h	a	e	l		J	o	r	d	a	n	\0	
B	l	a	i	r	\0										
B	u	s	h	\0											
L	a	d	e	n	g	\0									

图 9-17　存放人名的二维数组

是否有改进的方法，不把姓名都定义为具有相等长度的数组呢？

如果定义一个指针数组 name[5]，使该指针数组中的元素分别指向每个人的名字字符串，由于字符串的输入和输出只需要找到首地址，而首地址就是指针数组中的数组元素，无须知道长度，从而避免了存储空间的浪费，如图 9-18 所示。

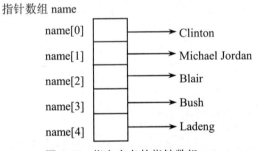

图 9-18　指向人名的指针数组 name

其排序原理和普通一维数组的排序原理是一样的，当发现 name[i]大于 name[j]时，就交换 name[i]和 name[j]的值，因为 name[i]和 name[j]中的值都是地址，即字符串的地址，相互交换值也就是改变了其指向。排序后的指向关系如图 9-19 所示。

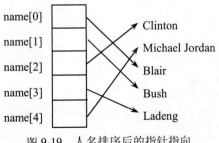

图 9-19　人名排序后的指针指向

程序如下：

```
main()
{
    char *name[5];
    char *temp;
    int i,j;
    printf("\nPlease input the names:\n");
    for(i=0;i<5;i++)
    scanf("%s",name[i]);
    for(i=0;i<5;i++)
    for(j=i+1;j<5;j++)
    if(strcmp(name[i],name[j])>0)
    {
        temp=name[i];name[i]=name[j];name[j]=temp;
    }
    for(i=0;i<5;i++)
    printf("%s\n",name[i]);
}
```

假如输入如下名字：

Clinton
Michael Jordan
Blair
Bush
Ladeng

则输出结果为：

Blair
Bush
Clinton
Ladeng
Michael Jordan

9.5.2 指向函数的指针

1. 关于函数的地址

一个完整的程序是由一个主函数和若干个子函数所组成的。

如下程序就是由主函数 main 和子函数 f 所组成的。

```
long f(int n)
{
    long s;
    if(n==0||n==1) s=1;
    else s=f(n-1)*n;
    return(s);
}
main()
{
    int n;
    long y;
    printf("please input a number:\n");
    scanf("%d",&n);
```

```
    y=f(n);
    printf("%d!=%ld\n",n,y);
}
```

　　每一个函数都占用一段内存单元。函数 f 和主函数 main 在存储器中所占的内存单元如图 9-20 所示。

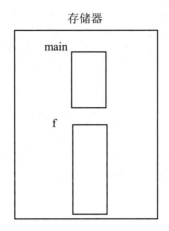

图 9-20　函数在存储器内的示意图

　　主函数 main 在存储器中对应一段存储单元，有一个起始地址；子函数 f 在存储器中对应一段存储单元，也对应一个起始地址。在对函数进行调用时，根据函数名找到该函数的起始地址，进行调用。

　　2. 指向函数的函数指针变量

　　既然函数有一个起始地址，就可以将该函数的起始地址存放在一个指针变量中，也就是说使指针指向函数。

　　什么类型的指针变量可以指向函数？该如何定义这样的指针呢？

　　指向函数的指针变量的类型也就是该函数的返回值的类型。假如现在需要定义一个指针变量 p，使其可以指向函数 f，定义如下：

```
long (*p)();
```

　　定义了一个指针变量 p，该指针变量用来指向返回长整型值的函数。

　　可以通过如下的赋值语句使 p 指向函数 f。

```
p=f;
```

　　从而将函数 f 的入口地址赋给了指针变量 p，下面就可以通过这个指针变量 p 来对函数进行调用了。

　　在函数调用时，可以用指针表示为：

```
y=p(n);
```

　　上述程序用指针实现如下：

```
long f(int n)
{
    long s;
    if(n==0||n==1) s=1;
    else s=f(n-1)*n;
    return(s);
```

```
}
main()
{
    int n;
    long (*p)();
    p=f;
    long y;
    printf("please input a number:\n");
    scanf("%d",&n);
    y=p(n);
    printf("%d!=%ld\n",n,y);
}
```

由上可知，指向函数的指针变量定义的一般形式为：

数据类型 (*指针变量名)();

函数的调用既可以通过函数名来实现，也可以通过指向函数的指针变量来实现。

需要注意的是，函数指针变量固定指向某个函数的开始，是不能进行运算的，如 p++、--p 等都是不合法的。

9.5.3　指向指针的指针

1. 指向指针的指针变量的概念和定义

指针变量是用来存放其他变量地址的变量，比如整型指针变量 p 中可以存放整型变量 a 的地址，也可以说成指针变量 p 指向 a。

比如整型变量 a 的存储空间地址为 2000，如果指针变量 p 指向整型变量 a，则 p 中的值就是变量 a 的地址 2000，称为 p 指向 a。

任何类型的变量在内存中都占据一个存储空间，指针变量也不例外。比如指针变量 p，它在内存中就对应一个存储空间，这个存储空间也有地址。假设 p 的存储空间地址为 1000。这个地址 1000 也可以存放在其他指针类型的变量中。

指针变量的地址又称为指针变量的指针，简称为指针的指针。

当然，并不是任何类型的变量都可以被用来存放指针的指针的，具有这种特殊作用的变量称为指向指针的指针变量。

假如指针变量 p 的指针存放在 q 中，则 q 就是用来存放指针变量地址的指针变量，称为指向指针的指针，如图 9-21 所示。

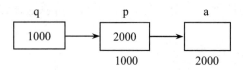

图 9-21　指向指针的指针

如何定义这个指向其他指针的指针变量呢？定义如下：

int **q;

表示定义了一个指向指针的指针变量 q。

2. 指向指针的指针变量使用实训

实例 9-11　下面程序的输出结果是什么？

```
main()
{
    int a,*p,**q;
    a=1024;
    p=&a;
    q=&p;
    printf("%d，%d，%d",a,*p,**q);
}
```

解析：变量 a 是普通的整型变量，变量 p 是指向整型变量的指针变量，变量 q 是指向整型指针变量的指针变量。

指针变量 p 指向整型变量 a，q 指向指针变量 p。

*p 表示指针变量 p 所指向的变量，是 a；*q 表示 q 所指向的变量 p，所以**q 就相当于*p，表示 q 所指向的指针变量 p 所指向的变量 a。

所以输出的结果值为：1024，1024，1024。

9.6 指针使用实训

实例 9-12 兔子繁殖问题。

这是一个有趣的古典数学问题：有一对兔子，从出生后第 3 个月起每个月都生一对兔子，小兔子长到第三个月后每个月又生一对兔子，假如兔子都不死，问每个月的兔子总数为多少对？

解析：第一个月，是 1 对兔子；第二个月还是 1 对兔子；第 3 个月，这对兔子生了 1 对兔子，共 2 对兔子，第 4 个月老兔子又生了 1 对兔子，共 3 对兔子，第 5 个月老兔子生了 1 对兔子，第 3 个月生的小兔子也生了 1 对兔子，共 5 对兔子，依此类推，第 6 月的兔子为 8 对，第 7 个月为 13 对，……

兔子数目的规律为这样的数列：1、1、2、3、5、8、13、21、…

设这是一个数组，数组名为 f，这个数组中的元素值可以表示为：

```
f[0]=1;
f[1]=1;
f[2]=2;
f[3]=3;
f[4]=5;
f[5]=8;
......
```

为了符合常规的月份表示习惯，这里假定下标从 1 开始，即：

```
f[1]=1;
f[2]=1;
f[3]=2;
f[4]=3;
f[5]=5;
f[6]=8;
......
```

由以上表列中可以得出，这个数组符合这样的规律：

$$f[n] = \begin{cases} 1 & (n=1) \\ 1 & (n=2) \\ f[n-1] + f[n-2] & (n \geqslant 3) \end{cases}$$

定义一个指针变量 p，用来指向数组 f。

下面这个程序就可以输出前两年（24 个月）中每个月的兔子对数。

```
main()
{
    long f[25];
    long *p;
    int i;
    f[1]=1;
    f[2]=1;
    for(p=f+3;p<f+25;p++)
    *p=*(p-1)+*(p-2);
    for(p=f+1;p<f+25;p++)
    printf("%8ld",*p);
}
```

输出结果如下：

| 1 | 1 | 2 | 3 | 5 | 8 | 13 | 21 | 34 | 55 | 89 | 144 | 233 | 377 | 610 | 987 |
| 1597 | 2584 | 4181 | 6765 | 10946 | 17711 | 28657 | 46368 |

由上可知，假如兔子都不死的话（理论上是不成立的，因为兔子的寿命为 5～9 年），两年后将达到 46368 对，是一个惊人的数目。

实例 9-13 成绩统计。

有若干个学生，每个学生有四门课（语文、数学、英语、计算机），要求编写程序，能够求出每个学生的平均分，并输出计算后的全部成绩。

假如学生成绩数据如下：

98	85	80	92
81	74	76	87
71	65	54	63
58	68	61	56
78	77	90	70

则统计好的结果输出如下：

语文	数学	英语	计算机	平均分
98	85	80	92	88.75
81	74	76	87	79.5
71	65	54	63	63.25
58	68	61	56	60.75
78	77	90	70	78.75

解析：可以将这些学生的成绩定义为一个二维数组，因为包含四门课成绩，并且要在每一行的最后计算平均分，所以将二维数组的列数定义为 5，假定其中包含五个学生，数组的行数为 5，如下：

```
float score[5][5]={{98,85,80,92},{81,74,76,87},{71,65,54,63},{58,68,61,56},{78,77,90,70}};
```

定义一个行指针 p，使其指向二维数组的每一行：

```
float (*p)[5];
p=score;
```

使指针 p 依次指向每一行，计算每一行的平均值。

计算平均值的方法如下：

```
for(p=score;p<score+5;p++)
{
    Sum=0;
    for(i=0;i<4;i++)
    sum=sum+*(*p+i);
    average=sum/4;
    *(*p+4)=average;
}
```

完整的程序如下：

```
main()
{
    float score[5][5]={{12,13,14,15},{21,22,23,24},{32,23,43,34},{45,54,43,34},{23,34,45,56}};
    float (*p)[5];
    float sum,average;
    int i;
    for(p=score;p<score+5;p++)
    {
        sum=0;
        for(i=0;i<4;i++)
        sum=sum+*(*p+i);
        average=sum/4;
        *(*p+4)=average;
    }
    printf("语文\t 数学\t 英语\t 计算机\t 平均分\n");
    for(p=score;p<score+5;p++)
    {
        for(i=0;i<5;i++)
        printf("%6.2f",*(*p+i));
        printf("\n");
    }
}
```

实训项目

实训 1：选择题

1．变量的指针，就是指该变量的（　　　）。

　　A．值　　　　　　　B．地址　　　　　　C．名字　　　　　　D．标志

2．已有定义：int k=2; int *p1,*p2;，且 p1 和 p2 均已指向变量 k，下面不能正确执行的赋值语句是（　　　）。

　　A．k=*p1+*p2;　　B．p2=k;　　　　　C．p1=p2;　　　　　D．k=*p1*(*p2);

3．若已有定义 int a=5;，下面对（1）、（2）两个语句的正确解释是（　　　）。

　　（1）int *p=&a;　　　　　　　（2）*p=a;

　　A．语句（1）和（2）中的*p 含义相同，都表示给指针变量 p 赋值

B.（1）和（2）语句的执行结果都是把变量 a 的地址值赋给指针变量 p

C.（1）在对 p 进行说明的同时进行初始化，使 p 指向 a；（2）将变量 a 的值赋给指针变量 p

D.（1）在对 p 进行说明的同时进行初始化，使 p 指向 a；（2）将变量 a 的值赋给 *p

4. 若有说明：int *p,m=5,n;，以下正确的程序段是（　　）。

    A.　p=&n;　　　　　　　　　　B.　p=&n;

       scanf("%d",&p);　　　　　　　　　scanf("%d",*p);

    C.　scanf("%d",&n);　　　　　　　D.　p=&n;

       *p=n;　　　　　　　　　　　　　*p=m;

5. 下面能正确进行字符串赋值操作的是（　　）。

    A.　char s[5]={"ABCDE"};　　　　　B.　char s[5]={'A','B','C','D','E'};

    C.　char *s; s="ABCDE";　　　　　　D.　char *s; scanf("%s",s);

6. 下面程序段的运行结果是（　　）。

```
char *s="abcde";
s+=2;printf("%d",s);
```

    A.　cde　　　　　　　　　　　　B.　字符'c'

    C.　字符'c'的地址　　　　　　　D.　无确定的输出结果

7. 若已有定义 char s[10];，则在下面表达式中不表示 s[1] 的地址的是（　　）。

    A.　s+1　　　　B.　s++　　　　C.　&s[0]+1　　　　D.　&s[1]

8. 若有以下定义，则对 a 数组元素的正确引用是（　　）。

```
int a[5],*p=a;
```

    A.　*&A[5]　　　B.　a+2　　　C.　*(p+5)　　　D.　*(a+2)

9. 若有定义：int a[2][3];，则对 a 数组的第 i 行第 j 列（i、j 已有确定值）元素值的正确引用为（　　）。

    A.　*(*(a+i)+j)　　　B.　(a+i)[j]　　　C.　*(a+i+j)　　　D.　*(a+i)+j

10. 若有以下定义和语句，则对 a 数组元素地址的正确引用为（　　）。

```
int a[2][3],(*p)[3];
p=a;
```

    A.　*(p+2)　　　B.　p[2]　　　C.　p[1]+1　　　D.　(p+1)+2

11. 已有定义 int (*p)();，指针 p 可以（　　）。

    A.　代表函数的返回值　　　　　　B.　指向函数的入口地址

    C.　表示函数的类型　　　　　　　D.　表示函数返回值的类型

12. 若要对 a 进行++运算，则 a 应具有下列说明（　　）。

    A.　int a[3][2]　　　　　　　　　B.　char *a[]={"12", "ab"};

    C.　char(*a)[3];　　　　　　　　D.　int b[10],*a=b;

实训 2：填空题

1. 下列程序的运行结果是＿＿＿＿＿。

```
swap(int *p1,int *p2)
{
    int p;
```

```
        p=*p1;*p1=*p2;*p2=p;
    }
    main()
    {
        int a=5,b=7,*ptr1,*ptr2;
        ptr1=&a;
        ptr2=&b;
        swap(ptr1,ptr2);
        printf("*ptr1=%d,*ptr2=%d\n",*ptr1,*ptr2);
        printf("a=%d,b=%d\n",a,b);
    }
```

2．下列程序的运行结果是_____。

```
    main()
    {
        int a[4]={1,3,5,7};
        int i,*p;
        p=a;
        printf("%d,%d\n",*p,++*p);
    }
```

3．下列程序段的运行结果是_____。

```
    char s[80],*sp="HELLO!";
    sp=strcpy(s,sp);
    s[0]='h';
    puts(sp);
```

4．若有以下定义和语句：

```
    int a[4]={0,1,2,3},*p;
    p=&a[1];
```

则*(p+1)的值是_____。

5．若有定义：int a[2][3]={2,4,6,8,10,12};，则 a[1][0]的值是_____，*(*(a+1)+0))的值是_____。

6．以下程序将数组 a 中的数据按逆序存放。请在空白处完善程序。

```
    main()
    {
        int a[8],i,j,t;
        int *p;
        _____
        for(i=0;i<8;i++)
        scanf("%d",p+i);
        i=0;j=7;
        while(i<j)
        {
            t=*(p+i);
            _____
            *(p+j)=t;
            i++;j--;
        }
        for(i=0;i<8;i++)
        printf("%3d",*(p+i));
    }
```

7. 以下程序把一个十进制整数转换成二进制数，并把此二进制数的每一位放在一维数组 b 中，然后输出 b 数组（二进制数的最低位放在数组的第一个元素中）。请填空。

```
main()
{
    int b[16],x,k,r,i;
    printf("Enter a integer:\n");
    scanf("%d",&x);
    printf("%6d's binary number is:",x);
    k=-1;
    do
    {
        r=x%2;
        k++;
        _____=r;
        x/=2;
    }while(_____);
    for(i=k;i>=0;i--)
    printf("%d",_____);
    printf("\n");
}
```

8. 以下程序可分别求出方阵 a 中两个对角线上的元素之和，请在空白处填入合适的语句来完善程序。

```
main()
{
    int a[6][6],i,j,k,p1,p2;
    for(i=0;i<6;i++)
    for(j=0;j<6;j++)
    scanf("%d",*(a+i)+j);
    k=6;
    p1=0;p2=0;
    for(i=0;i<6;i++)
    {
        p1=_____+(*(*(a+i)+i));
        _____
        p2=_____+(*(*(a+i)+k));
    }
    printf("p1=%4d,p2=%4d\n",p1,p2);
}
```

实训 3：编程实训

1. 写一个函数，实现将一个 3 行 4 列的矩阵转置。

2. 使用指针编写一个程序，能够实现十进制→二进制、十进制→八进制、十进制→十六进制的转换功能。

3. 编写一个程序，实现从键盘输入一段文字，能够对文字进行加密，加密方法为：将每个字符转化为其后的第 10 个字符。

4. 编写一个程序，输入一段字符，实现这样的替换功能：从键盘输入一个单词，将这段字符中的所有该单词替换为另一个所输入的单词。

第 10 章　结构体和共用体

本章重点:

● 　掌握结构体类型、结构体变量、结构体数组的定义和使用
● 　理解结构体类型指针的概念和使用
● 　掌握共用体类型、共用体变量的定义和使用

在将变量定义为某个基本类型时,这个变量中通常只容纳一个值。如:

long num;——定义一个长整型变量 num,其中只能存放一个长整型的数值,如 1102,如图 10-1 所示。

float score; ——定义一个实型变量 score,其中只能存放一个实型的数值,如 96.5,如图 10-2 所示。

num	score
1102	96.5

图 10-1　长整型变量　　　　图 10-2　实型变量

数组是一种使用基本类型组成的构造类型,但是只有相同类型的数据才能构成数组,如一组学生成绩、一组字符。

那么,不同类型的数据是否可以组合在一起,构成一种数据类型呢?

当然可以,C 语言的强大之处,还在于用户可以根据自己的需要定义符合特定需求的构造类型,如结构体、共用体、枚举类型。

10.1　结构体

实例 10-1　假定现在需要编写一个简单的超市商品管理程序,实现输入商品信息(商品编号、商品名称、商品价格、商品数量、商品总价),输出商品信息。比如,输出结果如下:

Num	Name	Price	Number	Sumprice
1101	shoes	89.9	5	449.5

这一组五个数据都是关于商品的信息,相互间是紧密联系的。这五个数据的类型是不一样的,显然无法定义为数组类型,如果将它们定义为五个独立的变量,又无法反映它们之间的联系。

那么应该将它们定义为何种类型呢?

在 C 语言中,有一种特殊的类型,叫做结构体类型,可以用来定义这样由若干个相互关联的变量构成的组合。

整型的关键字是 int,实型的关键字是 float,字符型的关键字是 char,那么结构体类型的

关键字是什么呢？

整型、实型、字符型都是系统定义的数据类型，有固定的关键字，各类型占据的存储空间长度也是固定的，用户可以直接将某变量定义为某一基本类型，如整型或字符型。

与基本类型不同的是，结构体类型是不固定的，是用户根据实际需要而定义的一种类型，只有先定义结构体类型，然后才可以将某变量定义为该种结构体类型。

可以把这组商品信息定义为结构体类型，如下：

```
struct Goods
{
    long Num;
    char Name[20];
    float Price;
    int Number;
    float Sumprice;
};
```

以上这段程序就是根据实例 10-1 的需要由用户自己定义的一种数据类型——结构体类型，这个类型的名字是 struct Goods。

结构体类型 struct Goods 中包含了五个数据项，商品编号 Num 是长整型，商品名字 Name 是字符数组型，商品价格 Price 是实型，商品数量 Number 是整型，商品总价 Sumprice 是实型。这五个数据项紧密联系，组成一个结构体类型，如图 10-3 所示。

图 10-3　结构体类型示例

10.1.1　结构体类型的定义

定义一种关于学生信息的结构体类型，其中包括学生学号、学生姓名、学生成绩（三门课成绩）。该如何定义呢？

参照实例 10-1 的定义，学生信息的结构体类型可以定义如下：

```
struct student
{
    long num;
    char name[20];
    float score1;
    float score2;
    float score3;
};
```

上述定义了一个结构体类型，名为 struct student，其中包含五个数据项。

由以上两个例子可以看出，结构体类型定义的一般形式是：

```
struct 结构体名
{
    类型1   成员1;
    类型2   成员2;
    类型3   成员3;
```

```
    ...
};
```

　　{ }中包含的是结构体的成员项。结构体类型中所包含的具体成员项根据需要而定。struct 是关键字，表明这是结构体类型。

　　在定义的结构体 struct student 中，有三个数据项所代表的含义及类型是一样的，即 score1、score2、score3，它们都是实型，代表成绩，所以可以把这三项合并定义为数组，如下：

```
struct student
{
    long num;
    char name[20];
    float score[3];
};
```

　　结构体类型中的成员项可以是普通类型的数据，也可以是数组类型的数据，还可以是结构体类型的数据。

　　结构体类型仅仅是一种类型，就像 int 型、float 型、char 型一样，不同之处仅在于这种类型是用户根据需要自己定义的，由不同的基本类型组合而成。类型只是一种模型，并没有对应具体的存储空间和数据。在使用时，可以将变量定义为结构体类型。

　　如何将变量定义为结构体类型呢？

10.1.2　结构体类型变量的定义

　　在实例 10-1 中，已经定义了一种结构体类型 struct Goods，现在使用这种结构体类型来定义一个变量，用来存放具体的商品信息。假设变量的名字为 good，将 good 定义为结构体变量的方法有如下两种：

　　方法 1：struct Goods good;

　　表示将变量 good 定义为 struct Goods 类型。变量 good 对应的空间如图 10-4 所示。

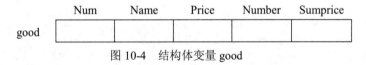

图 10-4　结构体变量 good

　　方法 2：直接在定义类型时定义结构体变量，比如下面的定义形式是合法的：

```
struct Goods
{
    long Num;
    char Name[20];
    float Price;
    int Number;
    float Sumprice;
}good;
```

　　或者省略结构体名，写成如下形式：

```
struct
{
    long Num;
    char Name[20];
```

```
    float Price;
    int Number;
    float Sumprice;
}good;
```

10.1.3 结构体变量的使用

对于实例 10-1，在将变量 good 定义为结构体类型后，如何向该变量 good 中输入值呢？

因为变量 good 中包含五个数据项，除了第五个数据项 Sumprice 是 Price 和 Number 的乘积之外，其他数据项要分别进行输入。

向成员项 Num 中输入数据：scanf("%ld",&good.Num);

其中，good.Num 表示结构体变量 good 中的成员 Num。

向成员项 Name 中输入数据：scanf("%s",good.Name);

向成员项 Price 中输入数据：scanf("%f",&good.Price);

向成员项 Number 中输入数据：scanf("%d",&good.Number);

当然，也可以把上面的四个输入语句合并起来：

```
scanf("%ld%s%f%d",&good.Num,good.Name,&good.Price,&good.Number);
```

变量 good 中的成员项 Sumprice 是计算得出的，如下：

```
good.Sumprice=good.Price*good.Number;
```

如下语句实现结构体变量 good 中成员项的输出。

```
printf("%ld\t%s\t%.1f\t%d\t%.1f\n",good.num,good.name,
good.price,good.number,good.sumprice);
```

其实，也可以通过赋值语句给结构体变量 good 赋值，和普通变量的赋值方法类似。

如果需要给结构体变量 good 赋一组初值，可以用如下语句实现：

```
good={1101,"shoes",89.9,4};
```

所以说，实例 10-1 的程序如下：

```
struct goods
{
    long num;
    char name[20];
    float price;
    int number;
    float sumprice;
}
main()
{
    struct goods good;
    clrscr();
    scanf("%ld%s%f%d",&good.num,good.name,&good.price,&good.number);
    good.sumprice=good.price*good.number;
    printf("编号\t 名称\t 价格\t 数量\t 总价\n");
    printf("%ld\t%s\t%.1f\t%d\t%.1f\n",good.num,good.name,good.price,
    good.number,good.sumprice);
}
```

结构体变量是由很多成员构成的，其中成员的引用方法为：结构体变量名.成员名，如 good.name 和 good.number 等。

10.1.4　结构体数组的定义和使用

在实例 10-1 中，只定义和使用了一种商品。其实，在超市中，商品的种类和数量繁多，不可能只有一种商品。所以需要定义若干个属于结构体类型的数据，这就是结构体数组。

假如要定义五个商品信息，可以将这五个商品定义为一个结构体数组，如下：

```
struct goods good[5];
```

表示定义了一个结构体数组 good，其中包含了五个元素，每个元素都属于结构体类型，如图 10-5 所示。

	Num	Name	Price	Number	Sumprice
good[0]					
good[1]					
good[2]					
good[3]					
good[4]					

图 10-5　结构体数组

也可以在定义结构体类型时定义结构体数组，如下：

```
struct goods
{
    long num;
    char name[20];
    float price;
    int number;
    float sumprice;
}good[5];
```

1. 结构体数组的初始化

当定义好结构体数组 good[5]后，该结构体数组如图 10-5 所示，但此时结构体数组中还没有数值，该如何向该结构体数组中赋予初值呢？

结构体数组的初始化和普通数组的初始化类似。比如，给结构体数组 good 赋予一组初始值，如下：

```
goods[5]={{1101,"shoes",89,2},{1102,"bag",53.5,8},{1103,"pen",11,10},
{1104,"knife",1,12},{1105,"Eraser",1.5,6}};
```

也可以在定义结构体数组时直接赋予初始值：

```
struct goods good[5]= {{1101,"shoes",89,2},{1102,"bag",53.5,8},{1103,"pen",11,10},{1104,"knife",1,12},{1105,"Eraser",1.5,6}};
```

2. 实训练习——结构体数组的使用

实例 10-2　在实例 10-1 中，主要实现的功能是：输入一个商品的信息，可以实现将这个商品的信息输出来。实际使用过程中，涉及的商品不仅仅是一个，需要输入输出大量的商品信息。现在要求在实例 10-1 的基础上完善程序，要求可以输入输出 10 个商品的信息。

程序如下：

```
#include "stdio.h"
struct goods
{
```

```
        long num;
        char name[20];
        float price;
        int number;
        float sumprice;
    }good[10];
    main()
    {
        int i;
        printf("请输入商品信息:\n");
        for(i=0;i<10;i++)
        {
            printf("第 %d 个商品:\n",i+1);
            scanf("%ld%s%f%d",&good[i].num,good[i].name,&good[i].price,
            &good[i].number);
            good[i].sumprice=good[i].price*good[i].number;
        }
        printf("编号\t 名称\t 价格\t 数量\t 总价\n");
        for(i=0;i<10;i++)
        printf("%ld\t%s\t%.1f\t%d\t%.1f\n",good[i].num,good[i].name,
        good[i].price,good[i].number,good[i].sumprice);
    }
```

实例 10-3　商品信息查询。

在实例 10-2 的基础上，增添一个查询功能，当输入某商品的编号时，查找到该商品并输出其信息。

结构体数组的查询和普通数组的查询是类似的，从 good[0]到 good[9]，依次和输入的编号 num 进行比较，如果发现 good[i].num 和 num 相等，就将 good[i]的信息输出来。

查询函数 Inquery 如下：

```
Inquery()
{
    int i;
    long num;
    printf("请输入要查询的商品编号： ");
    scanf("%ld",&num);
    for(i=0;i<10;i++)
    if(num==good[i].num)
    printf("%ld\t%s\t%.1f\t%d\t%.1f\n",good[i].num,good[i].name,
    good[i].price,good[i].number,good[i].sumprice);
}
```

10.1.5　指向结构体类型数据的指针

指针可以指向普通类型的变量，同样也可以指向结构体变量，即指向结构体变量所占存储单元的起始地址；指针可以指向普通的数组，也可以指向结构体类型的数组，即指向结构体数组的起始地址。

1. 指向结构体变量的指针

实例 10-4　将实例 10-1 改为用指针来实现。

解析：指向结构体变量的指针应该是和这种结构体变量具有相同结构体类型的指针，所以先定义一个和结构体变量 good 相同类型的结构体指针：

```
struct goods *p;
```

然后使指针 p 指向结构体变量 good：

```
p=&good;
```

此时 p 就指向 good 的首地址，如图 10-6 所示。

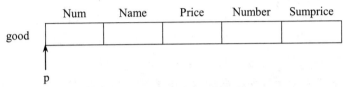

图 10-6　指向结构体变量的指针

可以使用指针 p 来引用结构体变量中的各成员项，*p 表示结构体指针 p 所指向的结构体变量，(*p).Num 表示 p 所指向的结构体变量中的成员 Num，(*p).Name 表示 p 所指向的结构体变量中的成员 Name，(*p).Price 表示 p 所指向的结构体变量中的成员 Price……

(*p).Num 还可以表示为 p->Num，同样(*p).Name 可以表示为 p->Name，依此类推。

实例 10-1 用指针实现的程序为：

```
struct goods
{
    long num;
    char name[20];
    float price;
    int number;
    float sumprice;
}
main()
{
    struct goods good;
    struct goods *p;
    p=&good;
    clrscr();
    scanf("%ld%s%f%d",&good.num,good.name,&good.price,&good.number);
    p->sumprice=p->price*p->number;
    printf("Num\tName\tPrice\tNumber\tSumprice\n");
    printf("%ld\t%s\t%.1f\t%d\t%.1f\n",p->num,p->name,p->price,
    p->number,p->sumprice);
}
```

2. 指向结构体数组的指针

实例 10-5　用指针来实现实例 10-2。

解析：定义一个结构体指针 p，使其指向结构体数组 good[10]：

```
struct goods *p;
p=good;
```

指针 p 指向结构体数组的第 0 个数组元素，如图 10-7 所示。

		Num	Name	Price	Number	Sumprice
p ⟶	good[0]					
	good[1]					
	good[2]					
	good[3]					
	good[4]					

图 10-7　指向结构体数组的指针

此时，p++表示使指针 p 下移，以指向下一个数组元素。

同样，p->Num 表示引用 p 所指向的数组元素中的成员项 Num，p->Name 表示引用 p 所指向的数组元素中的成员项 Name，依此类推。

实例 10-3 中的查询函数用指针实现如下：

```
Inquery()
{
    struct goods *p;
    int i;
    long num;
    printf("请输入要查询的商品编号：");
    scanf("%ld",&num);
    for(p=good;p<good+10;p++)
    if(num==p->num)
    printf("%ld\t%s\t%.1f\t%d\t%.1f\n",p->num,p->name,p->price,
    p->number,p->sumprice);
}
```

这里有两点需要注意:

（1）结构体类型的指针只能指向结构体变量，而不能指向结构体变量中的某个成员项，但是可以通过指向结构体变量的指针来引用成员项。

（2）在指向结构体数组的指针中，(++p)->num 表示先使指针 p 下移指向下一个数组元素，然后得到其所指向的数组元素的成员项 num；而(p++)->num 表示先得到 p 现在所指向的数组元素中的成员项 num，然后使指针 p 下移。

10.2　共用体

现在有四个变量：int 型变量 i，float 型变量 j，char 型变量 t，整型变量 a。在任何时刻，只需要使用这四个变量中的某一个。

如果分别定义这四个变量，则 int 型占 2 个字节的存储空间，float 型占 4 个字节的存储空间，char 型占 1 个字节的存储空间，共需要 9 个字节的存储空间。

由于这四个变量并不会同时使用，为了节省存储空间，是否可以将这四个不同类型的变量存放到同一段内存单元中，需要使用某个变量时，就在其中存放某个变量的值。

这就是共用体类型，使几个不同的变量共同占用一段内存空间的结构。

10.2.1 共用体类型的定义

针对上述问题，可以定义这样一个共用体结构类型如下：

```
union s
{
    int i;
    float j;
    char t;
    int x;
};
```

上述定义了一个共用体类型，名为 s，在该结构中可以存放整型变量 i、实型变量 j、字符型变量 t 和整型变量 x。在某个时刻，只能存放这四个变量中的一种，即只有一种起作用。

由于该共用体类型中可以存放这四种类型的成员，则该共用体类型所需要的长度应该是这四个成员中占用内存最长的那个相同，这四个变量中，j 所需的空间最大，为 4 个字节，所以共用体类型 s 所占的内存长度为 4 个字节。

共用体类型的定义如下：

```
Union  共用体名
{
    类型1    成员1;
    类型2    成员2;
    ...
};
```

10.2.2 共用体变量的定义和使用

前面定义了一种共用体类型 s，定义好共用体类型后，就可以将变量定义为该种类型了。现在定义一个变量 x 为共用体类型 s。定义方式如下：

```
union s x;
```

当然，与结构体类型变量的定义一样，也可以在定义共用体类型时定义变量 x，如下：

```
union s
{
    int i;
    float j;
    char t;
    int g;
}x;
```

如果需要引用共用体变量 x 中的成员 i，可以表示为 x.i；引用成员 j，可以表示为 x.j。由此可知，共用体变量引用的一般形式为：

```
共用体变量名.成员名;
```

实例 10-6 下面程序的运行结果是什么呢？

```
union s
```

```
{
    int i;
    float j;
    char t;
    int g;
};
main()
{
    union s x;
    clrscr();
    x.i=8;
    x.j=2.5;
    x.t='c';
    x.g=5;
    printf("%d",x.i);
}
```

解析： 这里需要再次提醒的是，在任一时刻，共用体变量只能供一个成员使用。第 1 次赋值，使成员 i 的值为 8，当第 2 次赋值时，此时的存储空间存放的是实型变量 j，使成员 j 的值为 2.5，2.5 的值覆盖掉了第 1 次赋给 i 的值 8；第 3 次赋值时，存储空间的使用者是字符变量 t，使 t 的值为字符常量 c，覆盖掉了第 2 次所赋的值 2.5；第 4 次赋值时，赋给变量 g 的值 5 覆盖掉了 t 的值 c。所以变量 s 中最终的保留值是最后一次的赋值 5。

虽然输出对象是成员 i，但输出的是变量 s 中的值 5。结果为：

5

实训项目

实训 1：选择题

1. 当说明一个结构体变量时，系统分配给它的内存是（　　）。
   A．各成员所需内存量的总和
   B．结构中第一个成员所需的内存量
   C．成员中占内存量最大者所需的内存量
   D．结构中最后一个成员所需的内存量

2. 若有以下说明语句：
```
struct student
{
    int age;
    int num;
}std,*p;
p=&std;
```
   则以下对结构体变量 std 中成员 age 的引用不正确的是（　　）。
   A．std.age　　　　B．p->age　　　　C．(*p).age　　　　D．*p.age

3. 若有以下说明语句，则下列表达式中值为 1002 的是（　　）。

```
struct student
{
    int age;
    int num;
};
struct student stu[3]={{1001,20},{1002,19},{1003,21}};
struct student *p;
p=stu;
```

A．(p++)->num　　　B．(p++)->age　　　C．(*p).num　　　D．(*++p).age

4．C 语言共用体变量在程序运行期间（　　　）。

A．所有成员一直驻留在内存中

B．只有一个成员驻留在内存中

C．部分成员驻留在内存中

D．没有成员驻留在内存中

5．以下程序的运行结果是（　　　）。

```
union pw
{
    int i;
    char ch[2];
}a;
main()
{
    a.ch[0]=13;
    a.ch[1]=0;
    printf("%d\n",a.i);
}
```

实训 2：填空题

1．以下程序用于输出结构体变量 bt 所占内存单元的字节数，请在程序空白处填入合适的内容。

```
struct ps
{
    double i;
    char arr[20];
};
main()
{
    struct ps bt;
    printf("bt size:%d\n",_____);
}
```

2．设有三人的姓名和年龄存放在结构体数组中，以下程序输出三人中年龄居中者的姓名和年龄，请在程序空白处填入合适的内容。

```
struct man
{
    char name[20];
    int age;
```

```
        }person[]={"LiMing",18,"zhuyi",23,"zhangping",24};
        main()
        {
            int i,j,max,min;
            max=min=person[0].age;
            for(i=1;i<3;i++)
            if(person[i].age>max) _____;
            else if(person[i].age<min) _____;
            for(i=0;i<3;i++)
            if(person[i].age!=max_____person[i].age!=min)
            {
                printf("%s %d\n",person[i].name,person[i].age);
                break;
            }
        }
```

实训 3：编程题

1. 试使用指向结构体的指针编写一个程序，实现输入三个学生的学号、数学期中和期末成绩，然后计算其平均成绩并输出成绩表。

2. 有 10 个学生，每个学生的数据包括学号、姓名、三门课成绩，从键盘输入 10 个学生的数据，要求打印出三门课的总平均成绩，以及最高分学生的数据（学号、姓名、三门课成绩、平均分）。

文件篇

——C 语言中数据的组织形式

计算机中的程序、数据、文档通常都组织成文件形式存放在外存中，每个文件对应一个文件名。当用户需要访问某个文件时，只要找到这个文件的名字就可以了。

在 C 语言中，源程序是以扩展名为.c 的文件类型来保存的，如 file.c。当需要调用某个 C 语言程序时，只需要找到相应的文件名即可。

在程序中通常需要输入一些必需的数据，在以往的编程中，每次运行都需要重新输入数据，因为每次运行结束后，输入的数据也就被从存储器中释放了。

那么，是否可以将运行时输入的数据保存起来，待到需要时可以调用以前所输入的数据，进行增加、修改或删除等操作呢？

C 语言中提供的文件操作即可实现这一功能，能够实现在外存中新建文件，把你从键盘输入的数据存储到外存的文件中，还能够从外存调入指定名字的文件，从该文件中读出数据或向该文件中写入数据。

本篇内容

第11章 文件

第11章　文件

本章重点:

● 掌握文件打开和关闭函数的使用

● 掌握文件读写函数的使用

● 掌握文件输入输出函数的使用

实例 11-1　学生信息包括学号、姓名、年龄、籍贯、联系电话。要求输入五个学生的相关信息,并将这些学生数据信息保存在磁盘文件中,文件名为 student.data。

解析: 和传统题目的区别在于,该题中要求把学生信息以一个指定的名字保存起来。假如没有这个要求,则按照前面所学的知识,程序如下:

```
struct stud
{
    long num;
    char name[20];
    int age;
    char address[40];
    char tele[15];
};
main()
{
    struct stud student[5];
    int i;
    for(i=0;i<5;i++)
    scanf("%ld%s%d%s%s",&student[i].num,student[i].name,&student[i].age,
            student[i].address,student[i].tele);
    for(i=0;i<5;i++)
    printf("%ld\t%s\t%d\t%s\t%s\n",student[i].num,student[i].name,
            student[i].age,student[i].address,student[i].tele);
}
```

假如运行时输入如下的五个学生数据:

11	zhanghui	23	yangzhou	7586965
12	liming	24	suzhou	6539256
13	wangqi	22	wuxi	4569867
14	dingli	27	taixing	7998566
15	sunjiang	23	nantong	4569896

程序运行完后,学生数据随着程序运行结束而消失,若想以后反复使用这些数据,只有把这些输入的数据以文件的形式保存起来,需要时方可调用这些数据。

要保存数据,就应该知道将数据以什么文件名字和何种文件类型保存于什么地方。所以,程序中应该涉及到如何建立文件、如何把数据写到文件中。使用这些数据时，需要知道如何找到并打开这个文件、如何将这个文件内的数据读到内存中来、如何将修改后的数据写回到文件中等。

11.1　文件的打开和关闭

如果想使用某个已经存在的文件，可以打开它；如果这个文件不存在，则可以按指定的名字和地址新建一个。

C 语言中提供了一个函数来实现这个功能，即 fopen 函数。

11.1.1　打开函数 fopen

fopen 函数的作用是打开文件，它的一般使用形式为：

```
FILE *fp;
fp=fopen(文件名,使用文件的方式);
```

FILE 是系统定义的一种结构体类型，FILE *fp 定义了一个 FILE 结构体类型的指针变量 fp，指针变量 fp 通常用于指向某个文件。

"fp=fopen(文件名,使用文件的方式);"表示以某种方式（如只读方式 r、可改写方式 r+等）打开某个指定名字的文件，并使指针变量 fp 指向该文件。

例如，有一个名为 stud.dat 的文件，其中存放的是学生的相关信息，现需要以只读方式打开该文件。语句如下：

```
FILE *fp;
fp=fopen("stud.dat","r");
```

如果是以只读方式"r"打开，则该文件打开后只能读出其中的数据，不能改写其中的数据。

如果想打开的这个文件 stud.dat 不存在，就需要新建一个文件 stud.dat，如何实现新建文件呢？

没有专用于新建文件的函数，打开函数 fopen 就可以实现新建文件的功能，只需要将打开方式置为"w"。

例如，如下语句就是新建一个文件 stud.dat：

```
FILE *fp;
fp=fopen("stud.dat","w");
```

假如原来已经存在一个名为 stud.dat 的文件，则生成的新文件会将已存在的同名文件覆盖掉。可以向以"w"方式新建的文件中写入数据，但不能从其中读出数据。

用"r"方式打开文件，只能读不能改写；用"w"方式打开文件，则将生成一个新文件，覆盖掉原文件（如果存在的话）；打开一个已经存在的文件 stud.dat，希望可以向该文件末尾添加新的数据，用打开方式"a"来实现，如下：

```
FILE *fp;
fp=fopen("stud.dat","a");
```

以上三种打开方式中，"r"方式打开只能读不能写，"w"方式是新建一个可以向其中写入数据的文件，而"a"方式打开可以向其中追加数据的文件。

另外，还有几种常见的打开方式：r+、w+、a+，以这三种方式打开的文件，既可以向其中输入数据，也可以从其中读出数据。其中"w+"方式打开时，是先新建一个文件，可以向其中写入数据，然后可以从其中读出数据。

以上 r、r+、w、w+、a、a+是对于文本文件而言的，在某些 C 版本中，打开方式 rb、wb、ab、rb+、wb+、ab+，是针对二进制文件而言的，两者功能一样，请读者注意区别。

在实例 11-1 中，新建一个名为 student.data 的文件，语句可以表示如下：

```
FILE *fp;
fp=fopen("student.data","w");
```

表示在外存的磁盘中新建了一个名为 student.data 的文件，然后就可以向其中写入数据了。

你是否想过，当希望打开文件 student.data，而实际上该文件已经被损坏或不存在或是无法新建时，该如何得到返回信息呢？

其实，当不能实现打开的任务时，fopen 函数当然不可能空手而返，它会带回一个返回信息，是空指针值 NULL。

所以，当发现 fopen 函数带回的指针值是 NULL 时，就表明不能打开或无法新建该文件了。实例 11-1 中的以只读方式打开文件可以表示如下：

```
if((fp=fopen("student.data","r"))==NULL)
{
    printf("can not open this file\n");
    exit(0);
}
```

表示当以只读方式打开文件 student.data 时，如果返回的指针值是 NULL，就输出提示信息"can not open this file"，然后用函数 exit(0)结束运行。

11.1.2　关闭函数 fclose

文件使用完毕后，就需要将其关闭，否则可能会引起一些误操作。函数 fclose 实现关闭文件的功能。它的一般形式为：

```
fclose(文件指针);
```

如果指针 fp 指向某个文件，现在希望关闭该文件，可以表示为：

```
fclose(fp);
```

每个文件使用完毕后，一定要记得关闭它。

11.2　文件的读和写

11.2.1　读函数 fread、fgetc

假如外存中已经存在一个文件 student.data，其中包含的是关于学生的信息，已知指针 fp 指向了该文件。现在需要将该文件中的学生信息读入到内存中的结构体数组 student[5]中，该如何实现呢？

可以用读入函数 fread 来实现。

fread 函数的作用是将文件中的信息读入到内存指定位置。

该函数的一般使用形式为：

```
fread(buffer,size,count,fp);
```

表示从 fp 所指向的文件中读取 count 个 size 字节数的数据块，存放到 buffer 指定的内存中。

buffer：读入数据所要存放的内存目标地址。

size：每次要读写的字节数。

count：要读入多少个 size 字节的数据项。

fp：文件型的指针，该指针指向要读入数据的文件。

假如文件 student.data 中存放五个学生的信息，学生信息的结构体类型如下：

```
struct stud
{
    long num;
    char name[20];
    int age;
    char address[40];
    char tele[15];
};
```

现在先定义一个结构体类型 stud 的变量：

```
struct stud stu[10];
```

如果希望将文件 student.data 中的学生信息读入到结构体数组 stu 中，如何表示呢？

读入数据所要存放的地址为结构体数组，其首地址为 stu；学生信息的结构体类型 stud 的长度可以用函数 sizeof 来测量，sizeof(struct stud)表示该结构体所占的存储单元长度；因为要读入五个学生的信息，所以 count 为 5。

读入五个学生的信息可以表示如下：

```
fread(stu,sizeof(struct stud),5,fp);
```

表示将指针 fp 所指向的文件 student.data 中的内容读入到结构体数组 stu 中，此时 stu 中就有了五个学生信息，从而可以对其进行数据操作了。

上面的读入语句有时也可以用如下语句实现：

```
for(i=0;i<5;i++)
fread(stu,sizeof(struct stud),1,fp);
```

表示每次读入一个学生，需要读五次。

如果 fread 函数读成功，则函数的返回值就是 count 的值。

函数 fgetc 也可以实现从外存文件向内存中读入数据的功能，只是其所读入的是一个字符。

fgetc 的一般使用形式为：

```
ch=fgetc(fp);
```

表示从指针 fp 所指向的文件中读入一个字符赋给变量 ch。

11.2.2　输出函数 fwrite、fputc

在实例 11-1 中，新建了文件 student.data 后，该文件是空的。现在需要将结构体数组 student[5] 中的五个学生信息写入到外存文件 student.data 中，如何表示呢？

此时，需要使用到写函数 fwrite，该函数的一般使用形式为：

```
fwrite(buffer,size,count,fp);
```

表示从 buffer 内存地址中将 count 个数据项写到 fp 所指向的文件中。如果写操作成功，则函数的返回值为 1。

buffer：指输出数据所存放的源地址。

size：每次要读写的字节数。

count：要读入多少个 size 字节的数据项。

fp：文件型的指针，该指针指向将写入数据的文件。

实例 11-1 中写入数据到文件的语句如下：

```
fwrite(student,sizeof(struct stud),5,fp);
```

能够实现输出功能的函数，除了 fwrite 外，还有 fputc 函数，其使用形式如下：

```
fputc(ch,fp);
```

表示输出字符变量 ch 的值到指针变量 fp 所指向的文件中。

至此，已经学习了如何新建一个文件，如何向一个文件中写入数据，以及如何关闭文件。实例 11-1 的完整程序如下：

```
#include "stdio.h"
struct stud
{
    long num;
    char name[20];
    int age;
    char address[40];
    char tele[15];
};
main()
{
    struct stud student[5];
    int i;
    FILE *fp;
    if((fp=fopen("student.data","w"))==NULL)
    {
        printf("cannot open the file!");
        exit(0);
    }
    clrscr();
    for(i=0;i<5;i++)
    scanf("%ld%s%d%s%s",&student[i].num,student[i].name,&student[i].age,
            student[i].address,student[i].tele);
    for(i=0;i<5;i++)
    printf("%ld\t%s\t%d\t%s\t%s\n",student[i].num,student[i].name,
    student[i].age,student[i].address,student[i].tele);
    fwrite(student,sizeof(struct stud),5,fp);
    fclose(fp);
    getch();
}
```

11.3　fprintf 函数和 fscanf 函数

前两节中讲的读入和写出函数都是实现将程序中所需要处理的数据从文件中读出来，或是将程序中处理过的数据输出到文件中。

以前所讲过的 printf 函数的作用是将数据以指定的格式输出到屏幕上显示出来，而 scanf 是接收从键盘输入的数据到指定的变量地址单元中。

那么，你是否想过，是否可以将程序中输入的数据以指定的格式输入到文件中，或是从文件中将数据读入到变量中。如果可以实现这样的功能，则在大型程序中，就可以将结果直接输出到指定的文件中，或是从指定的文件中读出数据到变量中。

C 语言中的函数 fprintf 就可以实现将变量输出到指定的文件中，它的一般使用形式为：

```
fprintf(文件指针,格式字符串,输出表列);
```

fscanf 函数的作用是从指定的文件中读出数据输入到指定的变量中，其使用的一般形式为：

```
fscanf(文件指针,格式字符串,输入表列);
```

例如，需要将整型变量 i 和实型变量 j 的值分别按%d 和%f 的格式输出到 fp 所指向的文件中，可以用如下语句表示：

```
fprintf(fp,"%d%f",i,j);
```

假如 i 的值为 5，j 的值为 3.15，则语句执行完毕，fp 所指向的文件中就有了两个数值：5 和 3.15。

如果指针 fp 所指向的文件中有如下字符：3，4.5，现在需要将这两个值输入到整型变量 i 和实型变量 j 中，可以用如下语句实现：

```
fscanf(fp,"%d%f",i,j);
```

语句执行完毕，变量 i 中的值为 3，j 中的值为 4.5。

常见的读写函数还有 putw、getw、fgets、fputs 等，由于较少使用，这里不做详解，如有需要，读者可参考相关书籍。

11.4　文件定位函数 rewind 和 fseek

11.4.1　rewind 函数

在指针的使用过程中，其指向位置是一直变化的，如果需要将指针位置指向文件开头，可以用 rewind 函数实现。该函数的使用形式如下：

```
rewind(文件型指针变量);
```

如"rewind(fp);"就表示使指针变量 fp 指向文件的开头位置。

11.4.2　fseek 函数

指针的移动一般是顺序的，即一个字节一个字节地移动。

如果在编程过程中，需要使指针跳过其后的 10 个字节，是否可以实现呢？是否可以实现将指针按照需要随机定位呢？

指针的移动可以用 fseek 函数来实现，其一般使用形式为：

```
fseek(文件类型指针,位移量,起始点);
```

表示从起始点开始，指针向前移动指定的字节数（字节数由位移量决定）。如果起始点为"0"，表示起始点为文件开始处，如果起始点为"1"，表示起始点为文件当前位置，如果起始点为"2"，表示起始点为文件末尾。

"fseek(fp,100L,0);"表示将文件指针向前移到离文件开头 100 个字节处。

"fseek(fp,50L,1);"表示将文件指针向前移到离当前位置 50 个字节处。

"fseek(fp,-20L,2);"表示将文件指针向后移到离文件末尾 20 个字节处。

11.5 文件使用实训

实例 11-2 从键盘输入 10 个实数，存到一个文件 data1 中，对该 10 个实数进行从大到小排序，将排序后的数据存放到文件 data2 中。

解析：该题中需要新建两个文件：data1 和 data2，使文件指针 fp1 和 fp2 分别指向如下：

```
if((fp1=fopen("data1","w+"))==NULL)
{
    printf("cannot open the file!");
    exit(0);
}
if((fp2=fopen("data2","w+"))==NULL)
{
    printf("cannot open the file!");
    exit(0);
}
```

定义一个一维数组 number[10]，使用 for 语句实现向其中输入数据：

```
for(i=0;i<10;i++)
 scanf("%f",&number[i]);
```

将这个尚未排序的一维数组 number 写到文件 data1 中，使用 fwrite 来实现：

```
fwrite(number,4,10,fp1);
```

然后对 number[10]进行排序，并将排好序的数据写到文件 data2 中并输出显示出来：

```
fwrite(number,4,10,fp2);
```

最后关闭两个文件。

实例 11-2 的程序代码如下：

```
#include "stdio.h"
main()
{
    FILE *fp1,*fp2;
    float number[10],t;
    int i,j;
    if((fp1=fopen("data1","w+"))==NULL)
    {
        printf("cannot open the file!");
        exit(0);
    }
    if((fp2=fopen("data2","w+"))==NULL)
    {
        printf("cannot open the file!");
        exit(0);
    }
    printf("please input 10 numbers:\n");
    for(i=0;i<10;i++)
    scanf("%f",&number[i]);
    fwrite(number,4,10,fp1);
    for(i=0;i<10;i++)
    for(j=i+1;j<10;j++)
```

```
        if(number[j]>number[i])
        {
            t=number[j];
            number[j]=number[i];
            number[i]=t;
        }
        fwrite(number,4,10,fp2);
        for(i=0;i<10;i++)
        printf("%8.2f",number[i]);
        fclose(fp1);
        fclose(fp2);
}
```

实例 11-3 　新建一个磁盘文件 Telebook，用来存放通讯簿信息，每个人的信息包括：姓名、联系电话、电子邮箱、QQ 号码。要求编写一个程序，在主函数中实现向该文件输入 10 个学生的信息，在子函数中实现查询，要求当输入某个人的名字时，输出该人的信息，并将这个查询出来的信息输出到一个记录文件 Inqueryed 中。

程序如下：

```
#include "stdio.h"
struct telebook
{
    char name[20];
    char telephone[15];
    char e_mail[20];
    long QQ;
}tele[10];
main()
{
    FILE *fp1;
    int i;
    if((fp1=fopen("Telebook","w+"))==NULL)
    {
        printf("cannot open the file!");
        exit(0);
    }
    printf("Please input information of 10 persons:\n");
    for(i=0;i<10;i++)
    {
        printf("The %d:\n",i+1);
        scanf("%s%s%s%ld",tele[i].name,tele[i].telephone,tele[i].e_mail,
                &tele[i].QQ);
    }
    fwrite(tele,sizeof(struct telebook),10,fp1);
    for(i=0;i<10;i++)
    printf("%s\t%s\t%s\t%ld\n",tele[i].name,tele[i].telephone,
                tele[i].e_mail,tele[i].QQ);
    inquery();
    fclose(fp1);
}
inquery()
```

```
{
    FILE *fp1,*fp2;
    struct telebook in_book;
    int i;
    char name[20];
    if((fp1=fopen("Telebook","r"))==NULL)
    {
        printf("cannot open the file!");
        exit(0);
    }
    if((fp2=fopen("Inqueryed","w+"))==NULL)
    {
        printf("cannot open the file!");
        exit(0);
    }
    fread(tele,sizeof(struct telebook),10,fp1);
    printf("please input the name:\n");
    scanf("%s",name);
    for(i=0;i<10;i++)
    if(strcmp(name,tele[i].name)==0)
    {
        printf("%s\t%s\t%s\t%ld\n",tele[i].name,tele[i].telephone,
                tele[i].e_mail,tele[i].QQ);
        fprintf(fp2,"%s\t%s\t%s\t%ld\n",tele[i].name,tele[i].telephone,
                tele[i].e_mail,tele[i].QQ);
    }
    fclose(fp1);
    fclose(fp2);
}
```

实训项目

实训 1：选择题

1. 若要用 fopen 函数打开一个新的文件，该文件既能读也能写，则文件方式字符串应是（ ）。

    A．"a+"   B．"w+"   C．"r+"   D．"a"

2. 若以 "a+" 方式打开一个已经存在的文件，则以下叙述正确的是（ ）。

    A．文件打开时，原有文件内容不被删除，位置指针移到文件末尾，可做添加和读操作

    B．文件打开时，原有文件内容不被删除，位置指针移到文件开头，可做重写和读操作

    C．文件打开时，原有文件内容被删除，只可做写操作

    D．以上各种说法皆不正确

3. 已知函数的调用形式：fread(buffer,size,count,fp);，其中 buffer 代表的是（ ）。

    A．一个整型变量，代表要读入的数据项总数

    B．一个文件指针，指向要读的文件

C．一个指针，指向要读入数据的存放地址

D．一个存储区，存放要读的数据项

4．fscanf 函数的正确调用形式是（　　　）。

A．fscanf(fp,格式字符串,输出表列);

B．fscanf(格式字符串,输出表列,fp);

C．fscanf(格式字符串,文件指针,输出表列);

D．fscanf(文件指针,格式字符串,输入表列);

5．函数调用语句"fseek(fp,-20L,2);"的含义是（　　　）。

A．将文件位置指针移到距离文件头 20 个字节处

B．将文件位置指针从当前位置向后移到 20 个字节处

C．将文件位置指针从文件末尾处向后退 20 个字节

D．将文件位置指针移到离当前位置 20 个字节处

实训 2：填空题

1．设有以下结构体类型：

```
struct st
{
    char name[8];
    int num;
    float s[4];
}student[50];
```

并且结构体数组 student 中的元素都已有值，若要将这些元素写到硬盘文件 fp 中，请将以下 fwrite 语句补充完整。

```
fwrite(student,_____, _____,fp);
```

2．rewind()函数的作用是_____。

3．定义 FILE *filp，这里 flip 是一个_____。

4．如果需要使文件位置指针从当前位置处向后移动 10 个字节，应表示为_____。

5．fgetc 函数的作用是从指定文件读入一个字符，该文件的打开方式必须是_____。

实训 3：编程题

1．有五个学生，每个学生有三门课成绩，从键盘键入学生数据（包括学生号、姓名、三门课成绩），计算出平均成绩，将原有数据和计算出的平均分数存放在磁盘文件 stud 中。

2．将上题 stud 文件中的学生数据按平均分进行排序处理，将已排序的学生数据存入一个新文件 stu_sort 中。

3．将上题已排序的学生成绩文件进行插入处理。插入一个学生的三门课成绩，程序先计算新插入学生的平均成绩，然后将它按成绩高低顺序插入，插入后建立一个新文件。

实践篇
——实践是检验理论的标准

本篇共 12 个实验和 1 个综合实训，通过一个个实例，带你走进 C 语言的大门。

本篇内容

实验1　一个简单的 C 程序示例

实验2　输入输出函数的使用

实验3　选择结构程序设计

实验4　循环结构程序设计

实验5　模块化程序设计

实验6　一维数组的使用

实验7　二维数组的使用

实验8　字符数组的使用

实验9　指针的简单使用

实验10　指针的高级应用

实验11　结构体的使用

实验12　文件的使用

综合实训

实验1　一个简单的 C 程序示例

一、实验目的

- 了解 WIN-TC 编译器的调试环境
- 掌握程序调试的全部过程（输入、保存、调试、修改、运行）
- 掌握菜单和常用功能键的用法
- 了解 C 程序的基本结构

二、实验内容

关于 Win-TC：

C 语言的编译器有很多，如 Visual C++、Visual Studio、Turbo C、Win-TC 等。对于初学 C 语言的人来说，掌握 C 语言的编程知识更为重要，因为各个编译环境大同小异，使用哪种编译环境并无多大区别。Win-TC 因为简便易用、鼠标操作、支持中文等优点，为众多 C 语言初学者所喜爱。因此本书以 Win-TC 为编译环境进行讲解。

下面讲解一个简单 C 语言程序的编译调试过程。

1．新建文件

选择"文件"菜单中的"新建文件"功能，新建一个空白的文件。

2．输入程序

输入以下程序：

```
main()
{
    int number1,number2,sum;
    printf("请输入一个整数：");
    scanf("%d",&number1);
    printf("请输入另一个整数：");
    scanf("%d",&number2);
    sum=number1+number2;
    printf("\n%d+%d=%d",number1,number2,sum);
}
```

3．保存文件

选择"文件"菜单，选择"保存文件"，选择路径并输入名字，将文件保存在 Win-TC 的安装目录下，名字为 add.c，.c 是程序文件的后缀名。

4．编译文件

选择"运行"菜单的"编译连接"，如果输入没有错误的话，将显示"恭喜，编译成功"字样。

5．运行

选择"超级工具集"中的"中文 DOS 环境运行"，出现运行界面，根据提示输入相关数字。

如果输入 56 和 46 两个数字，输出结果为：

56+46=102

输入 134 和 345 两个数字，输出结果为：

134+345=479

由结果可以看出，上面这个程序的功能是求两个整数相加的和并将和输出。

三、思考题

编写程序，实现如下功能：输入一个整数，输出该整数的立方。

实验 2　输入输出函数的使用

一、实验目的

- 掌握数据类型、运算符的使用
- 掌握输入输出函数的使用
- 学会编写简单的顺序结构程序

二、实验内容

编写一个工资计算器。某校教师的工资收入是这样计算的：税前工资=基本工资+课时费-住房公积金-养老保险金-医疗保险金。该校教师的基本工资不一，住房公积金缴存比例为基本工资的 8%，养老保险金为 9%，医疗保险金为 7%。课时费是这样算的：每课时 35 元。

编写一个程序，输入基本工资和所上课时后，自动求出税前工资。

要求输入输出有适当的说明和提示文字，输出工资条，依次列出基本工资、课时费、住房公积金、养老保险金、医疗保险金。

三、思考题

尝试用几种不同的方法（风格）编写该程序。

实验 3　选择结构程序设计

一、实验目的

- 进一步加深对选择结构程序设计概念的理解
- 掌握 if 语句和 switch 语句的使用
- 学会使用选择结构程序设计的思想编写程序

二、实验内容

请根据要求编写下面两个程序，在编写程序的过程中，要有比较人性化的界面，需要有相关的提示语句和输出说明。

练习 1　if 语句的使用

在本实验中，先对实验 2 中的程序做进一步的完善：实际上，很多学校给教师规定了一定的基本课时，假如某校给教师所规定的月基本课时为 36，如果教师本月实际所上课时小于或等于基本课时 36，则每节课的报酬为 5 元补贴；如果教师本月实际所上课时大于 36，则多出课时部分的每节课报酬为 35 元，基本课时内的报酬仍是 5 元每课时。其余的基本工资和保险额等均同实验 2。

现在请使用 if 语句编写一个选择结构的程序，输入基本工资和所上课时后，自动求出税前工资。

提示：在这个例子中，需要判断教师实际所上课时是否大于 36，然后根据判断结果进行计算。

练习 2　switch 语句的使用

请用 switch 语句编写这样一个程序：从键盘输入一个成绩，判断该成绩的等级，判断的标准为：

90～100：Very Good（优秀）

80～89：Good（良好）

70～79：Common（一般）

60～69：Pass（及格）

0～59：No Pass（不及格）

其他：Error（有错）

三、思考题

练习 2 是否可以用 if 语句来实现，如果可以，请用 if 语句改写该程序。

实验 4　循环结构程序设计

一、实验目的

- 进一步加深对循环结构中三个循环语句的理解
- 掌握实现循环结构的三种方法
- 进一步练习调试和修改程序

二、实验内容

有一种数字比较特别，称为"水仙花数"，这样的数是指：该数是 3 位数，其各位数字的立方和等于该数本身。例如，153 就是一个水仙花数，因为 $153=1^3+5^3+3^3$。

请编写程序，打印出所有的水仙花数。

提示：如果要判断某个三位数 number 是否为水仙花数，可以这样判断：

假设该三位数的个位数为 a，十位数为 b，百位数为 c。

a=number%10;

b=＿＿＿＿＿＿；（请思考，并在空白处填写合适的内容）

c=number/100;

如果 $number=a^3+b^3+c^3$，则该数就是水仙花数。

如果希望将所有的水仙花数打出来，则需要使用循环来按照以上提示依次判断从 100～999 的每个数是否为水仙花数。

请分别用循环的三种结构来编写程序：while 结构、do-while 结构、for 结构。

三、思考题

编写一个程序，实现这样的功能：从键盘输入任意一个数字，输出该数字所对应的所有公约数。

比如输入 36，则输出为：2，3，4，6，9，12，18。

实验 5　模块化程序设计

一、实验目的

- 进一步加深对函数概念的理解
- 通过实例练习加深对函数返回值、函数调用的理解
- 掌握函数的结构并学会用函数来编写程序

二、实验内容

练习 1　编写程序，实现求任意一个整数的立方。要求用函数来实现。

如输入 3，输出 3 的立方 27。

练习 2　练习 1 中只能求 3 的立方，现在要求在上述题目的基础上进行完善，能够实现求任意一个整数的任意次方 x^y，要求用函数实现。

比如当从键盘输入 5 和 3 时，输出结果为 125。

当从键盘输入 5 和-3 时，输出结果为 0.008。

需要注意的是，当 y 的值为负时，计算方法与 y 为正时有所区别。

三、思考题

1. 函数的作用是什么？使用函数的优点是什么？
2. 练习 2 中的函数类型是什么？是否可以省略？为什么？
3. 是否所有函数都需要 return 语句来带回返回值。练习 2 中如果不使用 return 语句该如何编写程序？

实验 6　一维数组的使用

一、实验目的

● 进一步理解数组的概念
● 掌握一维数组的定义、输入、输出
● 掌握用一维数组编写程序

二、实验内容

练习 1　定义一个实型的学生考试成绩数组 score1[10]和一个学生平时成绩数组 score2[10]，编写程序实现向其中依次输入数据并将这些数据输出来。

如输入：85.5，98，65，78，74，60，56，88，80，90

则输出结果为：85.5　98　　65　　78　　74　　60　　56　　88　　80　　90

练习 2　对上面的程序进行修改，要求可以实现当从键盘输入任意一个数时，可以在 score 中进行查找，假如该数存在，则将该数从数组中删除，并将删除后的结果输出来；如果该数不存在，则输出提示 "No this number!"。

如输入 98，则删除后的输出结果为：

85.5，65，78，74，60，56，88，80，90

如输入 83，则输出提示 "No this number!"

提示：将某个数删除，就是将其后的所有数字依次向前移动，从而将该数覆盖掉，达到删除的目的。

三、思考题

请在练习 2 的基础上思考这样的问题：加入需要插入的数据，该如何实现呢？

实验 7　二维数组的使用

一、实验目的

- 进一步理解二维数组的概念
- 掌握二维数组的定义、输入、输出
- 掌握用二维数组编写程序

二、实验内容

练习 1　定义一个整型的二维数组 number，将如下的数值赋给其中的每个数组元素：

```
25    36    52    33
51    85    90    84
45    66    86    27
```

编写一个程序，实现该二维数组的输入和输出。

注意：在输出的时候，要按行输出。

练习 2　在上题的基础上改写程序，要求实现求出该二维数组中每个元素的公约数，并输出来，如下：

```
25：1，5，25
36：1，2，3，4，6，9，12，18，36
52：1，2，4，13，26，52
……
27：1，3，9，27
```

注意：为了方便使用，要有适当的提示，输出结果应该清晰明了。

三、思考题

二维数组的赋值方式是不是唯一的？在练习 1 中试着用三种以上的方式赋值。

实验 8　字符数组的使用

一、实验目的

- 进一步理解字符数组的概念
- 掌握字符数组的定义、输入、输出
- 掌握常用字符串处理函数的使用

二、实验内容

要求编写一个程序，能够根据选择实现如下功能：

从键盘输入一段字符

（1）选择 1 时，统计该段字符中的字符个数。

（2）选择 2 时，实现将所有的大写字符转换为小写字符。

（3）选择 3 时，将所有的小写字符转换为大写字符。

（4）选择 4 时，统计该段字符中所包含的单词个数。

要求程序中使用到 strlen()、strupr()、strlwr() 函数，参考界面如下图所示。

```
1：字符个数统计
2：大写—>小写
3：小写—>大写
4：单词个数统计
```

三、思考题

字符串处理函数 strcpy()、strcmp()、strcat()、strlen()、strupr()、strlwr() 都是由系统提供的函数，你是否可以自己编写这些函数呢？试试看。

实验 9　指针的简单应用

一、实验目的

- 加深对指针概念的理解
- 掌握指针作为函数参数和普通变量作为函数参数的区别
- 掌握指向一维数组的指针变量的定义和使用

二、实验内容

练习 1　输入以下两段程序，比较其结果，试分析程序的执行过程。

程序 1：

```
swap(int x,int y)
{
    int z;
    z=x;
    x=y;
    y=z;
}
main
{
    int a,b;
    a=3;
    b=4;
    if(a<b) swap(a,b);
    printf("%d,%d\n",a,b);
}
```

程序 2：

```
swap(int *x,int *y)
{
    int z;
    z=*x;
    *x=*y;
    *y=z;
}
main
{
    int a,b;
    a=3;
    b=4;
    if(a<b) swap(&a, &b);
    printf("%d,%d\n",a,b);
}
```

练习 2　编写一个程序，实现一维数组的排序功能，用指针来实现。

三、思考题

在函数的调用中，普通变量作为函数参数和指针作为函数参数的主要区别是什么？

实验 10　指针的高级应用

一、实验目的

● 进一步理解二维数组中地址的概念
● 掌握指针和二维数组、字符数组的关系
● 学会使用指针的方法来编写关于数组的程序

二、实验内容

练习 1　以下程序可分别求出方阵 a 中两个对角线上的元素之和，请在空白处填入合适的语句来完善程序，并调试程序，直到正确。

```
main()
{
    int a[6][6],i,j,k,p1,p2;
    for(i=0;i<6;i++)
    for(j=0;j<6;j++)
    scanf("%d",*(a+i)+j);
    k=6;
    p1=0;p2=0;
    for(i=0;i<6;i++)
    {
        p1=_____+(*(*(a+i)+i));
        _____
        p2=_____+(*(*(a+i)+k));
    }
    printf("p1=%4d,p2=%4d\n",p1,p2);
}
```

练习 2　用指针来实现字符数组的查找功能，输入一个字符，在字符数组中进行查找，如果有，则将该字符及其所在的位置输出来；如果没有，输出提示"该字符不存在"。

三、思考题

在练习 2 中，如何实现单词查找呢？你能够用程序实现吗？

实验 11　结构体的使用

一、实验目的

- 理解结构体的概念
- 掌握结构体类型、结构体变量的定义
- 掌握结构体数组的定义和使用

二、实验内容

练习 1　定义一个结构体类型，其中包含学生学号、学生姓名、性别、数学成绩、语文成绩、英语成绩。编写一个程序，定义一个包含五个学生信息的结构体数组，要求能够实现向该结构体数组中输入五组学生的信息，并能够将信息按行输出，要求输出有标题。如下：

学号	姓名	性别	数学	语文	英语
1	wang	male	56	67	78
2	li	female	98	89	88
3	zhang	male	89	23	34
4	ding	female	88	77	99
5	zhou	male	98	89	77

练习 2　在练习 1 的基础上，增加查找功能，要求当从键盘输入某个学生的名字时，能够在结构体数组中查找该学生；如果查找不到，则输出提示"没有此人"。

三、思考题

在练习 2 中，可以用指针来实现吗？试试看。

实验 12　文件的使用

一、实验目的

- 理解文件的概念
- 掌握文件打开函数、文件关闭函数的使用
- 掌握文件读和写函数的使用
- 学会使用文件来编写程序

二、实验内容

练习 1　在实验 11 练习 2 的基础上，增添文件功能，新建一个名为 stud.dat 的文件，并将输入的信息保存到该文件中。

练习 2　在练习 1 的基础上，编写一个排序函数，能够打开练习中新建的 stud.dat 文件，并对其中的学生信息按照学号降序排列，并将排序好的数据保存到该文件中。

三、思考题

1. 文件的主要作用是什么？
2. 如果希望将练习 2 中排序后的数据写到另外一个新的文件 stusort.dat 中，该如何实现？

综合实训

一、题目

学生成绩管理系统

二、设计要求

设计一个商品信息管理系统，实现对超市商品信息的管理。商品信息包括商品条形码、商品名称、商品价格、商品数量、生产日期、产地。

三、功能要求

1. 商品信息输入功能
2. 商品信息输出功能
3. 查询功能：（至少一种查询方式）
- 按条形码查询
- 按商品名称查询
4. 商品信息修改功能
5. 商品信息插入功能
6. 商品信息删除功能
7. 排序功能：（至少一种排序）
- 按价格升序排序
- 按价格降序排序
- 按生产日期升序排列
- 按生产日期降序排列
8. 系统退出

在系统设计中要求用文件实现商品信息的保存。

附录 1 运算符及其结合性

优先级	运算对象个数	运算符	名称	结合方向
1		() [ ] → .	圆括号 下标 指向结构体成员 结构体成员	自左至右
2	单目	! ~ ++ -- - (类型) * & sizeof	逻辑非 按位取反 自增 自减 负号 强制类型转换 指针 取地址 求长度	自右至左
3	双目	* / %	乘 除 取余	自左至右
4	双目	+ -	加 减	自左至右
5	双目	<< >>	左移 右移	自左至右
6	双目	> >= < <=	大于 大于等于 小于 小于等于	自左至右
7	双目	== !=	等于 不等于	自左至右
8	双目	&	按位与	自左至右
9	双目	^	按位异或	自左至右
10	双目	|	按位或	自左至右
11	双目	&&	逻辑与	自左至右
12	双目	||	逻辑或	自左至右
13	三目	?:	条件	自右至左
14	双目	= += -= *= /= %= <<= >>= &= ^= |=	赋值	自右至左
15	多目	,	逗号	自左至右

附录 2　常用的库函数

库函数是人们根据需要编制好提供给用户使用的函数。每一种 C 编译系统都提供了一批库函数，不同的编译系统所提供的库函数的数目、函数名以及函数功能不完全相同。比如 Turbo C 提供了很多种不同用途的函数，如输入/输出函数、字符串和字符的处理函数、数学函数、时间转换和操作函数、接口函数、动态地址分配函数、目录函数、过程控制函数、字符屏幕和图形功能函数等。

不同类型的函数包含在不同的头文件中，当使用到某个函数时，必须将其所在的头文件包含进来。

例如使用到数学函数 sqrt()时，需要将其所在的头文件 math.h 包括进来，命令行如下：

```
#include "math.h"
```

而当使用到字符串处理函数 strcat()时，需要将其所在的头文件 string.h 包括进来，命令行如下：

```
#include "string.h"
```

下面介绍一些常用函数的功能和用法，如果需要使用更多的函数，可以参考一些专用的手册和参考书。

2.1　数学函数

当使用到数学函数时，应该在源文件中使用如下命令行：

```
#include "math.h"
```

或

```
#include <math.h>
```

函数名	函数原型	功能	返回值	说明
abs	int abs(int x);	求整数 x 的绝对值	计算结果	
acos	double acos(double x);	计算 $\cos^{-1}(x)$ 的值	计算结果	x 应在-1～1 范围内
asin	double asin(double x);	计算 $\sin^{-1}(x)$ 的值	计算结果	x 应在-1～1 范围内
atan	double atan(double x);	计算 $\tan^{-1}(x)$ 的值	计算结果	
atan2	double atan2(double x, double y);	计算 $\tan^{-1}(x/y)$ 的值	计算结果	
cos	double cos(double x);	计算 $\cos(x)$ 的值	计算结果	x 的单位为弧度
cosh	double cosh(double x);	计算 x 的双曲余弦 $\cosh(x)$ 的值	计算结果	
exp	double exp(double x);	求 e^x 的值	计算结果	
fabs	double fabs(double x);	求出 x 的绝对值	计算结果	

续表

函数名	函数原型	功能	返回值	说明
floor	double floor(double x);	求出不大于 x 的最大整数	该整数的双精度实数	
fmod	double fmod(double x, double y);	求整除 x/y 的余数	返回余数的双精度数	
log	double log(double x);	求 $\log_e x$，即 lnx	计算结果	
log10	double log10(double x);	求 $\log_{10} x$	计算结果	
pow	double pow(double x, double y);	计算 x^y 的值	计算结果	
rand	int rand(void)	产生-90～32767 间的随机整数	随机整数	
sin	double sin(double x);	计算 sin(x)的值	计算结果	x 的单位为弧度
sinh	double sinh(double x);	计算 x 的双曲正弦函数 sinh(x)的值	计算结果	
sqrt	double sqrt(double x);	计算 x 的开方值	计算结果	x 应≥0
tan	double tan(double x);	计算 tan(x)的值	计算结果	x 的单位为弧度
tanh	double tanh(double x);	计算 x 的双曲正切函数 tanh(x)的值	计算结果	

2.2　字符函数和字符串函数

当使用到字符串函数时，应该在源文件中使用如下命令行：

#include "string.h"

或

#include <string.h>

当使用到字符函数时，应该在源文件中使用如下命令行：

#include "ctype.h"

或

#include <ctype.h>

函数名	函数原型	功能	返回值	说明
isalnum	int isalnum(int ch);	检查 ch 是否是字母（alpha）或数字（numeric）	是字母或数字返回 1；否则返回 0	ctype.h
isalpha	int isalpha(int ch);	检查 ch 是否是字母	是，返回 1；不是，返回 0	ctype.h
iscntrl	int iscntrl(int ch);	检查 ch 是否是控制字符（其 ASCII 码在 0 和 0xlF 之间）	是，返回 1；不是，返回 0	ctype.h
isdigit	int isdigit(int ch);	检查 ch 是否是数字（0～9）	是，返回 1；不是，返回 0	ctype.h

续表

函数名	函数原型	功能	返回值	说明
isgraph	int isgraph(int ch);	检查 ch 是否是打印字符（其 ASCII 码在 0x21～0x7E 之间），不包括空格	是，返回 1；不是，返回 0	ctype.h
islower	int islower(int ch);	检查 ch 是否是小写字母（a～z）	是，返回 1；不是，返回 0	ctype.h
isprint	int isprint(int ch);	检查 ch 是否是打印字符（包括空格），其 ASCII 码在 0x20～0x7E 之间	是，返回 1；不是，返回 0	ctype.h
ispunct	int ispunct(int ch);	检查 ch 是否是标点符号（不包括空格），是除字母、数字和空格以外的所有打印字符	是，返回 1；不是，返回 0	ctype.h
isspace	int isspace(int ch);	检查 ch 是否是空格、跳格符（制表符）或换行符	是，返回 1；不是，返回 0	ctype.h
isupper	int isupper(int ch);	检查 ch 是否是大写字母（A～Z）	是，返回 1；不是，返回 0	ctype.h
isxdigit	int isxdigit(int ch);	检查 ch 是否是一个十六进制数字字符（即 0～9 或 A～F 或 a～f）	是，返回 1；不是，返回 0	ctype.h
strcat	char *strcat(char *str1,char *str2);	把字符串 str2 接到 str1 后面，str1 最后面的 "/0" 被取消	str1	string.h
strchr	char *strchr(char *str,int ch);	找出 str 指向的字符串中第一次出现字符 ch 的位置	指向该位置的指针；如找不到，则返回空指针	string.h
strcmp	int strcmp(char *str1, char *str2);	比较两个字符串 str1 和 str2	str1 <str2，返回负数；str1=str2，返回 0；str1>str2，返回正数	string.h
strcpy	char *strcpy(char *str1,char *str2);	把 str2 指向的字符串复制到 str1 中去	str1	string.h
strlen	unsigned int strlen (char *str);	统计字符串 str 中字符的个数（不包括终止符 "/0"）	字符个数	string.h
strstr	char *strstr(char *str1,char *str2);	找出 str2 字符串在 str1 字符串中第一次出现的位置（不包括 str2 的串结束符）	该位置的指针；如找不到，则返回空指针	string.h
tolower	int tolower(int ch);	将 ch 字符转换为小写字母	ch 代表的字符的小写字母	ctype.h
toupper	int toupper(int ch);	将 ch 字符转换为大写字母	与 ch 相应的大写字母	ctype.h

2.3　输入输出函数

凡用以下输入输出函数，应该使用#include <stdio.h>把头文件 stdio.h 包含到源程序文件中。

函数名	函数原型	功能	返回值	说明
clearerr	Void cheaerr(FILE *fp);	将 fp 所指文件的错误标志和文件结束标志置 0	无	
close	int close(int fp);	关闭文件	关闭成功，返回 0；不成功，返回-1	非 ANSI 标准
creat	int creat(char *filename, int mode);	以 mode 所指定的方式建立文件	成功，返回正数；否则返回-1	非 ANSI 标准
eof	Int eof(int fd);	检查文件是否结束	遇到文件结束，返回 1；否则返回 0	非 ANSI 标准
fclose	int fclose(FILE *fp);	关闭 fp 所指的文件，释放文件缓冲区	有错则返回非 0；否则返回 0	
feof	int feof(FILE *fp);	检查文件是否结束	遇到文件结束符返回非零值；否则返回 0	
fgetc	int fgetc(FILE *fp);	从 fp 所指定的文件中取得下一个字符	所得到的字符；若读入出错，返回 EOF	
fgets	char *fgets(char *buf,int n,FILE *fp);	从 fp 所指向的文件读取一个长度为(n-1)的字符串，存入起始地址为 buf 的空间	地址 buf;若遇文件结束或出错，返回 NULL	
fopen	FILE *fopen(char *filename,char *mode);	以 mode 指定的方式打开名为 filename 的文件	成功，返回一个文件指针（文件信息区的起始地址）；否则返回 0	
fprintf	int fprintf(FILE *fp, char *format,args,…);	把 args 的值以 format 指定的格式输出到 fp 所指定的文件中	实际输出的字符数	
fputc	int fputs(char ch,FILE *fp);	将字符 ch 输出到 fp 所指向的文件中	成功,返回该字符；否则返回非 0	
fputs	int fputc (char *str,FILE *fp);	将 str 所指向字符串输出到 fp 所指定的文件中	成功返回 0；若出错返回非 0	
fread	int fread(char *pt,unsigned size,unsigned n,FILE *fp);	从 fp 指定的文件中读取长度为 size 的 n 个数据项，存到 pt 所指向的内存区	返回所读的数据项个数；如遇文件结束或出错返回 0	
fscanf	int fscanf(FILE *fp,char format,args,…);	从 fp 指定的文件中按 format 给定的格式读出数据输入到 args 所指向的内存单元（args 是指针）中	已输入的数据个数	
fseek	int fseek(FILE *fp,long offset,int base);	将 fp 指定的文件的位置指针移到以 base 所给出的位置为基准、以 offset 为移量的位置	当前位置；否则返回-1	
ftell	long ftell(FILE *fp);	返回 fp 所指向的文件中的读写位置	fp 所指定的文件中读写的位置	

函数名	函数原型	功能	返回值	说明
fwrite	int fwrite(char *ptr,unsigned size,unsigned n,FILE *fp);	把 ptr 所指向的 n*size 个字节输出到 fp 所指向的文件中	写到 fp 文件中的数据项的个数	
getc	int getc(FILE *fp);	从 fp 所指向的文件中读入一个字符	所读的字符；若文件结束或出错，返回 EOF	
getchar	int getchar(void);	从标准输入设备读取下一个字符	所读字符；若文件结束或出错，返回-1	
getw	int getw(FILE *fp);	从 fp 所指向的文件读取下一个字（整数）	输入的整数；如文件结束或出错，返回-1	非 ANSI 标准函数
open	int open(char *filename,int mode);	以 mode 指出的方式打开已存在的名为 filename 的文件	文件号（正数）；如打开失败，返回-1	非 ANSI 标准函数
printf	int printf(char *format, args,…);	按 format 指向的格式字符串所规定的格式将输出列表 args 的值输出到标准输出设备	输出字符的个数；若出错，返回负数	format 可以是一个字符串或字符数组的起始地址
putc	int putc(char ch,FILE *fp);	把一个字符 ch 输出到 fp 所指的文件中	输出的字符 ch；若出错，返回 EOF	
putchar	int putchar(char ch);	把字符 ch 输出到标准输出设备	输出的字符 ch；若出错，返回 EOF	
puts	int puts(char *str);	把字符 str 所指向的字符串输出到标准输出设备，将"/0"转换为回车符	换行符；若失败，返回 EOF	
putw	int putw(int w,FILE *fp);	将一个整数 w（即一个字）写到 fp 所指向的文件中	输出的整数；若出错，返回 EOF	非 ANSI 标准函数
read	int read(int fd,char *buf, unsigned count);	从文件号 fd 指示的文件中读 count 个字节到由 buf 指示的缓冲区中	真正读入的字节个数；如遇文件结束返回 0，出错返回-1	非 ANSI 标准函数
rename	int rename(char *oldname, char *newname);	把由 oldname 所指的文件名改为由 newname 所指的文件名	成功返回 0；出错返回-1	
rewind	void rewind(FILE *fp);	将 fp 指示的文件中的位置指针置于文件开头位置，并清除文件结束标志和错误标志	无	
scanf	int scanf(char *format, args,…);	从标准输入设备按 format 指向的格式字符串所规定的格式输入数据给 args 所指向的单元	读入并赋给 args 数据的个数；遇文件结束返回 EOF，出错返回 0	args 为指针
write	int write(int fd,char *buf, unsigned count);	从 buf 指示的缓冲区输出 count 个字符到 fd 所标志的文件中	实际输出的字节数；如出错，返回-1	非 ANSI 标准函数

2.4　动态存储分配函数

ANSI 标准建议设四个有关的动态存储分配的函数，即 calloc()、malloc()、free()和 realloc()。实际上，许多 C 编译系统实现时，往往增加一些其他函数。ANSI 标准建议在 stdlib.h 头文件中包含有关的信息，但许多 C 编译系统要求用 malloc.h 而不是 stdlib.h 头文件包含有关的信息，读者在使用时应查阅相关手册。

ANSI 标准要求动态分配系统返回 void 指针。void 指针具有一般性，它们可以指向任何类型的数据，但目前有的 C 编译系统所提供的这类函数返回 char 指针。无论以上两种情况的哪一种，都需要用强制类型转换的方法把 void 或 char 指针转换成所需的类型。

函数名	函数原型	功能	返回值
calloc	void *calloc(unsigned n,unsigned size);	分配n个数据项的内存连续空间，每个数据项的大小为 size	分配内存单元的起始地址；如不成功，返回 0
free	void free(void *p);	释放 p 所指的内存区	无
malloc	void *malloc(unsigned size);	分配 size 字节的存储区	所分配的内存区起始地址；如内存不够，返回 0
realloc	void *realloc(void *p,unsigned size);	将 p 所指出的已分配内存区的大小改为 size，size 可以比原来分配的空间大或小	指向该内存区的指针

参考文献

[1] [美]K.N.King 著．C 语言程序设计：现代方法（第 2 版）．北京：人民邮电出版社，2010．

[2] [美]塞奇威克．算法：C 语言实现．北京：机械工业出版社，2009．

[3] [美]霍尔顿．C 语言入门经典（第 5 版）．北京：清华大学出版社，2013．

[4] 明日科技．C 语言经典编程 282 例（C 语言学习路线图）．北京：清华大学出版社，2012．

[5] 谭浩强．C 语言程序设计．北京：清华大学出版社，2014．